图说新时代大国重器
白鹤滩水电站

主　编：刘海波
副主编：罗红俊　吴　炜　马　龙

中国三峡出版传媒
中国三峡出版社

图书在版编目（CIP）数据

图说新时代大国重器：白鹤滩水电站 / 刘海波主编；罗红俊，吴炜，马龙副主编 .— 北京：中国三峡出版社，2022.5
ISBN 978-7-5206-0199-3

Ⅰ . ①图… Ⅱ . ①刘… ②罗… ③吴… ④马… Ⅲ . ①金沙江—水力发电站—概况 Ⅳ . ① TV752

中国版本图书馆 CIP 数据核字（2021）第 102001 号

责任编辑：赵静蕊

中国三峡出版社出版发行
（北京市通州区新华北街156号　101100）
电话：（010）57082645 57082577
http://media.ctg.com.cn

北京世纪恒宇印刷有限公司印刷　新华书店经销
2022 年 8 月第 1 版　2022 年 8 月第 1 次印刷
开本：787 毫米 ×1092 毫米　1/16　印张：10.75
字数：162千字
ISBN 978-7-5206-0199-3　定价：88.00元

《图说新时代大国重器：白鹤滩水电站》
编辑委员会

序

白鹤滩水电站位于四川省宁南县和云南省巧家县境内的金沙江下游河段，开发任务以发电为主，兼顾防洪，并促进地方经济社会发展。

2021 年 6 月 28 日，白鹤滩水电站首批机组安全准点投产发电。中共中央总书记、国家主席、中央军委主席习近平发来贺信，表示热烈的祝贺。习近平总书记在贺信中指出，“白鹤滩水电站是实施‘西电东送’的国家重大工程，是当今世界在建规模最大、技术难度最高的水电工程。全球单机容量最大功率百万千瓦水轮发电机组，实现了我国高端装备制造的重大突破。你们发扬精益求精、勇攀高峰、无私奉献的精神，团结协作、攻坚克难，为国家重大工程建设作出了贡献。这充分说明，社会主义是干出来的，新时代是奋斗出来的。希望你们统筹推进白鹤滩水电站后续各项工作，为实现碳达峰、碳中和目标，促进经济社会发展全面绿色转型作出更大贡献！”

本书以科普漫画的形式，从专业、系统的角度出发，向广大水电从业人员、水电爱好者以及青年朋友们，展现一个立体多面的白鹤滩工程，带领大家走进庞杂精细、美丽恢宏又充满趣味的水电世界，领略新时代大国重器之美。书中既融入了水利水电工程基础知识，也涵盖了白鹤滩水电站百万机组、高坝大库、地下洞室群等工程亮点，让广大读者能够更加直观地了解白鹤滩工程特点，并随本书一起简要回顾中国水电的发展之路，让更多的人感受大国重器、了解水电行业。

由于编者水平有限，不妥之处望批评指正。

中国水电的百年变迁

中国水电资源蕴藏量世界第一，但我国水电的起步却晚于世界30余年，随着历史变迁和国家的繁荣发展，在几代国家领导人的谋篇布局和一代代水电人的耕耘下，中国水电开始了不断奋斗、奋起直追的百年征程。

翻开这一百年的画卷，我们听到了机器依旧轰鸣的中国大陆第一座水电站石龙坝，看到了历经战乱、焕发新生的丰满水电站，迎来了中华人民共和国首座“三自”（自己设计、自制设备、自行施工）的新安江水电站，感受到了“万里长江第一坝”葛洲坝的磅礴气势与深远影响，感叹于改革潮头鲁布革的开放与包容，看到了波澜壮阔大三峡的兼收并蓄与大胆创新。而今，一只白鹤正展翅高飞。

◆ **1. 星火初亮石龙坝**

石龙坝水电站，位于云南省昆明市，是中国第一座水电站，初装机容量 480kW，现总装机容量 2920kW。

1910 年 7 月，云南民间集资向政府申请并兴建的中国第一座水电站，历经战火，如今依然机器轰鸣，见证着中国水电的百年征程。

◆ **2. 脱胎换骨新丰满**

丰满水电站，位于吉林省吉林市，始建于 1937 年，最终完工于中华人民共和国成立后。初装机容量 14.25 万 kW，重建后总装机容量 148 万 kW。

中华人民共和国成立初期，丰满水电站的装机容量和发电量在东北电力系统中均占 50% 以上，肩负着地区国民经济恢复和重要工业产品生产的供电任务。其创造的“科学安全运行法”和“两票”“三制”至今仍是电力生产的基础运行机制，发挥着重要作用，更为 20 世纪的国内水电站，刘家峡、新安江、葛洲坝水电站，乃至长江三峡等特大水电站，提供了有力的技术管理支撑。

◆ 3. “三自”电站新安江

新安江水电站，位于浙江省杭州市，是中华人民共和国第一座自己设计、自制设备、自行施工的大型水力发电站，总装机容量 66.26 万 kW。

新安江水电站被人们誉为“长江三峡试验田”，是社会主义制度集中力量办大事的范例，是中国水利电力事业史上的一座丰碑，是中国人民勤劳智慧的杰作，入选“中国工业遗产保护名录”。新安江水电站为国家建设大型水电站积累了宝贵经验，也为国内多座大中型水电站输送了大量人才。

◆ 4. 万里长江第一坝

葛洲坝水电站，位于湖北省宜昌市，1971 年开工，1988 年竣工，是万里长江上建设的第一座大坝，是我国水电建设史上的里程碑，总装机容量 271.5 万 kW，增容改造后，现装机容量 319 万 kW。

葛洲坝水电站在一定程度上缓解了长江水患，具有发电、改善峡江航道等功能，发挥了巨大的经济和社会效益。它提高了我国水电建设的科学技术水平，培养和锻炼了一支高素质的水电建设队伍，为三峡工程的建设管理积累了宝贵经验并储备了高素质人才。

◆ **5. 改革潮头鲁布革**

鲁布革水电站，位于云南省罗平县和贵州省兴义市境内，1982 年开工，1990 年建成，电站总装机容量 60 万 kW。

鲁布革水电站是中国第一个面向国际公开招投标的工程，在 20 世纪八九十年代曾创造出多项中国“第一”，被誉为中国水电基础建设对外开放的“窗口”电站。

◆ **6. 举世瞩目大三峡** 中国三峡

三峡水电站，位于湖北省宜昌市，1994 年动工修建，2020 年竣工验收，是世界第一大水电站。单机容量 70 万 kW，总装机容量 2250 万 kW。2020 年，三峡水电站全年累计生产清洁电能 1118 亿 kW・h，刷新了单座水电站年发电量的世界纪录。

单机容量 70 万 kW 水电机组代表当时最为先进的设计、制造技术，总计 32 台巨型机组的市场吸引着世界水电装备制造龙头企业竞相追逐。正是从三峡工程开始，中国水电机组制造走出了一条引进、吸收，再创新的发展之路。

◆ **7. 任重道远白鹤滩** 中国三峡

白鹤滩水电站，位于四川省宁南县和云南省巧家县境内，世界在建最大水电站，建成后将成为仅次于三峡水电站的世界第二大水电站，单机容量 100 万 kW 居世界第一。2017 年主体工程全面开工建设，2021 年 6 月 28 日首批机组发电，2022 年全部机组投产发电，总装机容量 1600 万 kW。

电站首次采用百万千瓦水轮发电机组，左右岸各装机 8 台，分别由东方电机、哈尔滨电机负责研制，实现了我国高端装备制造的重大突破。作为新时代大国重器，白鹤滩水电站将为实现碳达峰、碳中和目标注入强大动力，为促进经济社会发展全面绿色转型和更好服务人民生活改善作出新的贡献！

第1章 走进白鹤滩——水电“明珠”

1.1 白鹤滩工程概况

白鹤滩水电站位于四川省宁南县和云南省巧家县交界的金沙江干流上，是金沙江下游4座世界级巨型梯级水电站——乌东德、白鹤滩、溪洛渡、向家坝中的第二个梯级水电站，如图1-1所示。该工程以发电为主，兼顾防洪、航运并促进地方经济社会发展。坝址控制流域面积43.03万km^2，占金沙江以上流域面积的91%。

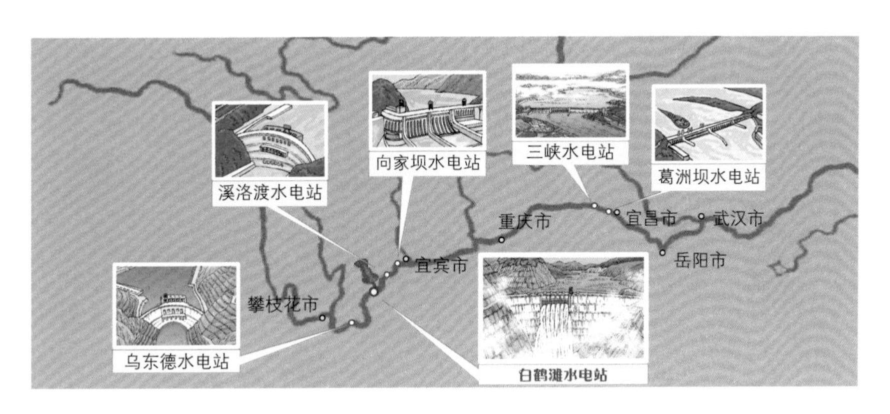

图1-1 金沙江白鹤滩水电站地理位置示意图

白鹤滩水电站是目前世界在建规模最大、单机容量最大的水电站，也是金沙江下游各梯级水电站中库容最大的水电站，具有高拱坝、大库容、大容量等特点。白鹤滩水电站正常蓄水位为 825m，水库总库容 206.27 亿 m^3，调节库容 104.36 亿 m^3，防洪库容 75 亿 m^3，泄洪建筑物校核工况下总泄洪流量约 42348m^3/s。电站左、右岸地下厂房内各安装 8 台单机容量世界最大的 100 万 kW 水轮发电机组，总装机容量为 1600 万 kW。

白鹤滩水电站是实施“西电东送”的国家重大工程，建成后将成为“西电东送”中部通道的骨干电站，如图 1-2 所示。工程的建设对促进西部资源和东部、中部经济优势互补，以及西部地区经济发展均具有深远的意义。白鹤滩工程建设开发使库区的交通、基础设施建设等得到很大的改善，对地区经济社会发展起到积极的带动作用。

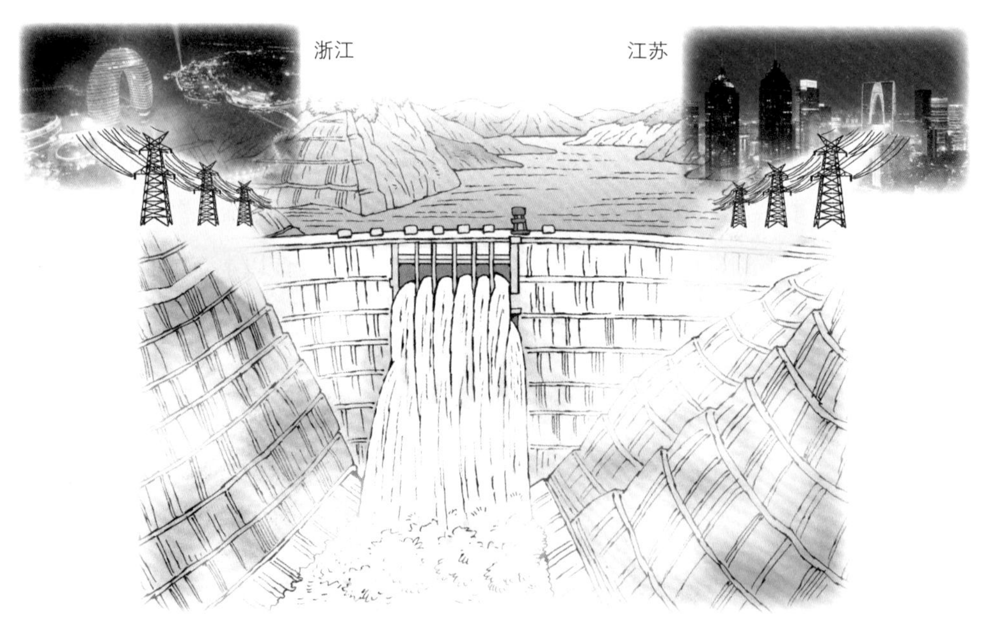

图 1-2　白鹤滩水电站将源源不断的电能输送到江苏、浙江

1.2 历史沿革

1958 年，国家计划在白鹤滩兴建特大型水电站，由捷克斯洛伐克专家提供技术援助。

1959 年 6 月，捷克斯洛伐克专家组和国内专家组到巧家县进行现场勘查，为白鹤滩水电站选址。同年 11 月，昆明水电设计院勘测队进驻白鹤滩进行地质勘测，开展前期工作。

1961 年，因受国内、国际环境的影响，白鹤滩水电站前期工作停止，勘测队撤离。

1965 年，白鹤滩水电站工程列入国家国民经济和社会发展第三个五年计划。

2002 年，国家计划委员会正式批准了金沙江下游水电开发建设规划。

2006 年 6 月，水电水利规划设计总院会同四川、云南两省发改委审查通过了《金沙江白鹤滩水电站预可行性研究报告》。

2010 年 10 月，国家发展和改革委员会同意白鹤滩水电站正式启动前期筹建工作。

2010 年 12 月 31 日，四川、云南两省人民政府发布白鹤滩水电站“封库令”。

2015 年 11 月，环境保护部批复了《金沙江白鹤滩水电站环境影响报告书》。

2016 年 11 月，水电水利规划设计总院审查通过了《金沙江白鹤滩水电站可行性研究报告（枢纽部分）》。

2017 年 7 月，白鹤滩水电站主体工程全面开工建设。

2021 年 6 月 28 日，白鹤滩水电站首批机组投产发电。

2022 年，白鹤滩水电站全部机组将投产发电。

白鹤滩水电站建设历程，如图 1-3 所示。

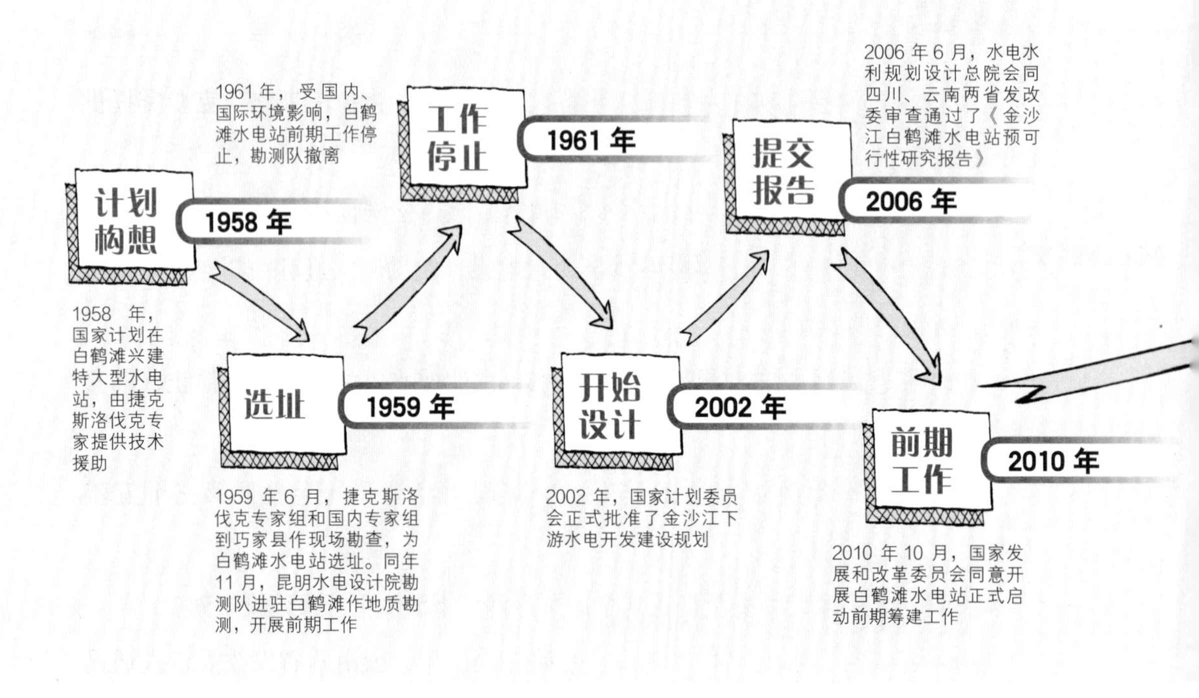

图 1-3　白鹤滩

1.3 绿色工程白鹤滩

白鹤滩水电站是构筑长江生态屏障的重要一环，与流域梯级水库群共同承担着涵养、修复长江流域生态环境的重大责任。白鹤滩工程贯彻“生态优先、绿色发展”理念，将生态环保理念和各项生态环保措施贯彻到工程建设全过程，把白鹤滩水电站建设成为涵养两岸绿水青山的绿色工程。

1.3.1　环境保护

白鹤滩水电站的装机容量为 1600 万 kW，多年年均发电量约为 624.43 亿 kW · h，超过 2020 年武汉市全年用电量，巨大的发电效益平均每年可减少标准煤消耗量

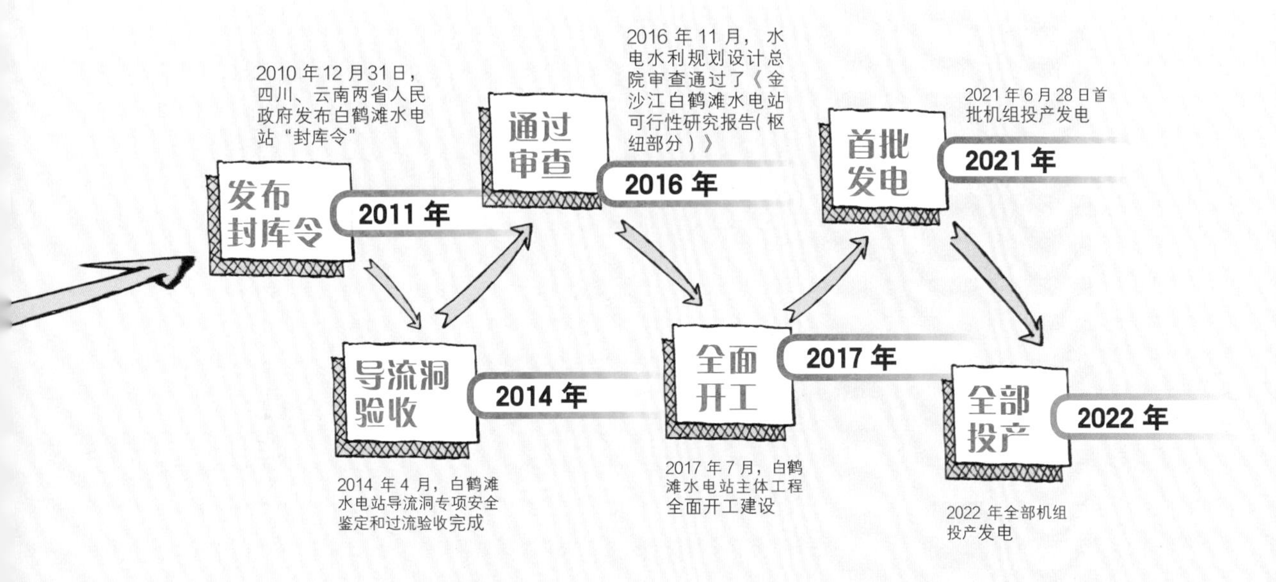

水电站建设历程

约 1968 万 t，减少二氧化碳排放量约 5160 万 t，减少二氧化硫排放量约 17 万 t，减少氮氧化物排放量约 15 万 t，减少烟尘排放量约 22 万 t，相当于 16 万 hm^2 森林一年的碳吸收量，节能减排效益显著，将为我国早日实现“2030 年碳达峰”和“2060 年碳中和”目标贡献强劲力量，如图 1-4 所示。

1.3.2　水土保持

长江上游是我国水土流失较为严重的地区之一，其中又以金沙江下游为甚，长江泥沙的近一半来自金沙江。受地质、人类活动等影响，部分河段水土流失严重。减少水土流失、兴建水利水电工程控制重点产沙区的泥沙输移，是流域综合治理的重要措施。白鹤滩工程建成后，可控制金沙江攀枝花至屏山区间的主要产

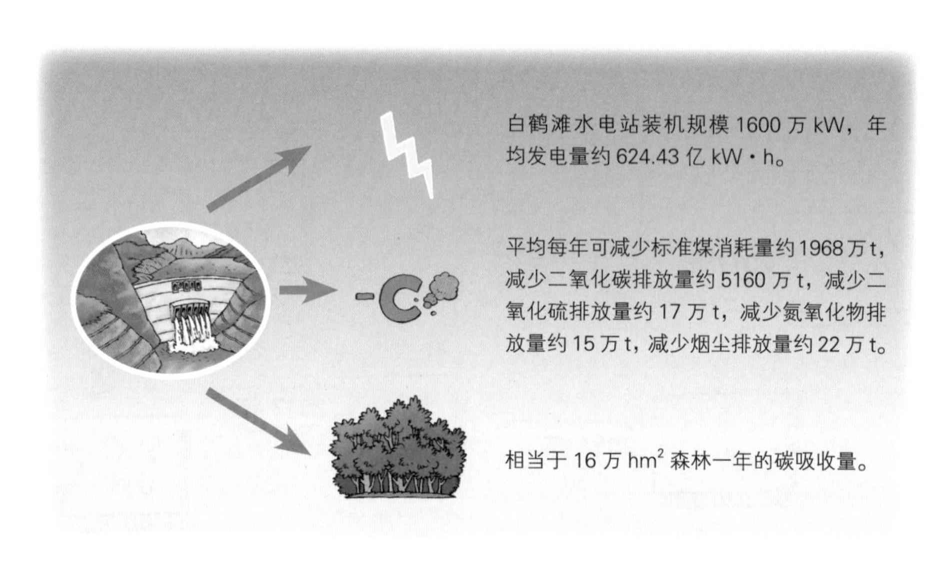

图 1-4　白鹤滩水电站“绿色赋能”

沙区，水库可拦截大量悬移质泥沙及全部推移质泥沙。在上游金安桥、观音岩、锦屏一级、二滩及乌东德等梯级水库建成拦沙的基础上，白鹤滩水库预计运行 50 年的拦沙率为 72.9%，可减少向下游输沙约 31.4 亿 t，并可减少溪洛渡、向家坝和三峡水库的入库泥沙及库区泥沙淤积，如图 1-5 所示。

1.3.3　鱼类栖息地生态修复

白鹤滩水电站在工程建设的同时致力于鱼类栖息地生态修复，规划了集运鱼系统，让鱼儿们可以坐着电梯“回家”，实现鱼类“人工洄游”。集运鱼装置示意图，如图 1-6 所示。

考虑到白鹤滩水电站库区存在水温分层现象，在电站进水口设置了分层取水装置，以调节下泄水流的水温，让鱼类在适合自己的温度区域生长和繁殖。这些措施都能够很好地保护金沙江丰富的鱼类资源。

图1-5　山青水绿白鹤滩

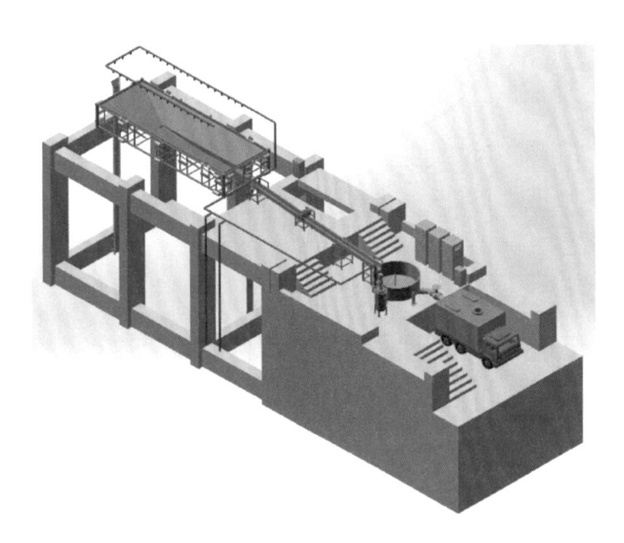

图1-6　集运鱼装置示意图

1.4 白鹤滩工程世界之最

白鹤滩水电站是目前世界在建的最大水电站，装机容量为 1600 万 kW，仅次于三峡水电站。白鹤滩水电站主要特性指标均位居世界水电工程前列，综合技术水平在世界坝工史上名列前茅，是世界水电高精尖技术的集大成者，被誉为代表世界水电最高水平的创新工程和智能工程，必将成为世界水电发展过程中里程碑式的水电工程。白鹤滩水电站创造了多项世界第一，如图 1-7 所示。

图 1-7　白鹤滩水电站占据 6 项世界第一

（1）单机容量 100 万 kW 居世界第一。水电站首次全部采用国产的单机容量百万千瓦水轮发电机组，开创了世界水电机组的新纪元，使我国的水电制造技术从“追赶”走向“引领”。世界水电站装机容量排名如图 1-8 所示。

（2）地下洞室群规模世界第一。水电站各类洞室总长度达 217km，洞室开挖量达 2500 万 m^3，是国内外水电工程中规模最大的地下洞室群。其中地下厂房长 438m，岩锚梁以上宽 34m，岩锚梁以下宽 31m，高 88.7m。

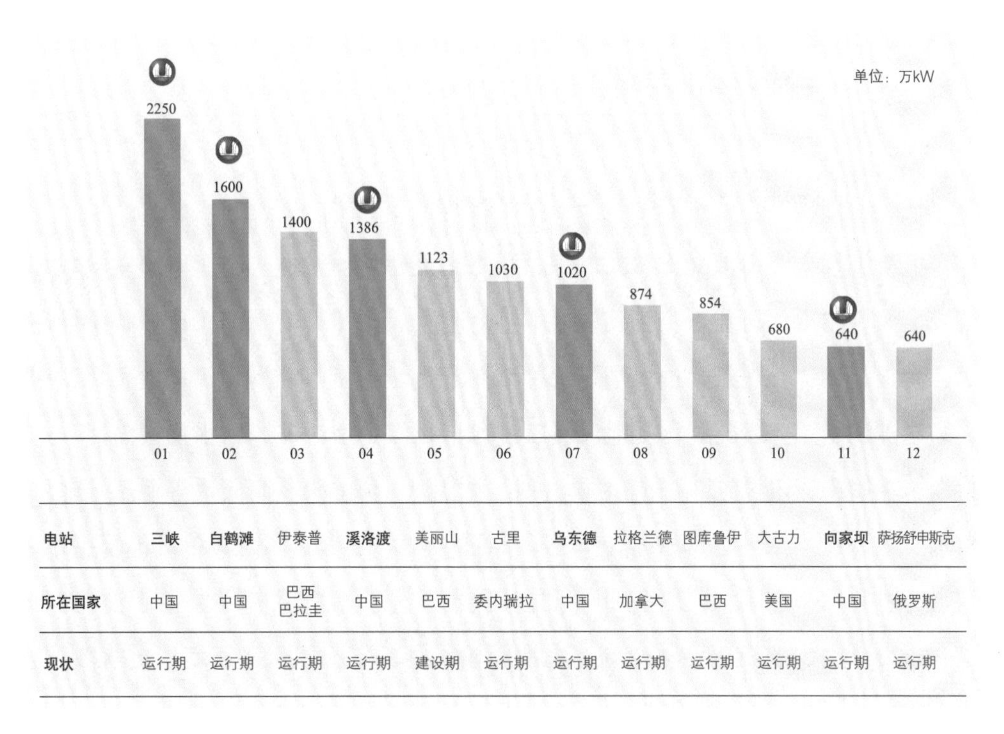

电站	三峡	白鹤滩	伊泰普	溪洛渡	美丽山	古里	乌东德	拉格兰德	图库鲁伊	大古力	向家坝	萨扬舒申斯克
所在国家	中国	中国	巴西 巴拉圭	中国	巴西	委内瑞拉	中国	加拿大	巴西	美国	中国	俄罗斯
现状	运行期	运行期	运行期	运行期	建设期	运行期	运行期	运行期	运行期	运行期	运行期	运行期

图 1-8　世界水电站装机容量排名

（3）圆筒式尾水调压室规模世界第一。水电站有 8 个圆筒式尾水调压室，单筒直径为 42 ～ 48m，高度为 112 ～ 128m，是世界水电工程中规模最大的圆筒式尾水调压室群。

（4）300m 级高坝抗震参数世界第一。水电站最大坝高 289m，属于 300m 级特高拱坝，是国内外地形地质条件最为复杂的高拱坝之一，抗震参数在 300m 级特高拱坝中居世界第一。

（5）首次在 300m 级特高拱坝全坝使用低热水泥混凝土。针对特高拱坝温控防裂难题，白鹤滩大坝全坝采用低热水泥混凝土，总量达 803 万 m^3，这在国际尚属首例，其应用可保证大坝基本上不产生温度裂缝。

（6）无压泄洪洞群规模世界第一。水电站 3 条泄洪洞呈直线布置在左岸，最大泄洪量为 1.23 万 m^3/s，单侧泄洪量世界第一，其中 1 号泄洪洞长 2317m，单条泄洪洞长度居世界第一。

1.5 电站特征参数

1.5.1 枢纽工程布置

枢纽工程主要由混凝土双曲拱坝、泄洪消能建筑物及左、右岸引水发电系统组成。大坝自上而下设6个溢流表孔、7个泄洪深孔及6个导流底孔。其中导流底孔为施工期临时建筑，按大坝下闸蓄水要求逐步封堵。泄洪建筑物由表孔、深孔和泄洪洞组成。表孔和深孔泄流具有“分层出流、空中碰撞、水垫塘消能”的特点，左岸山体内设置3条泄洪洞，具有大泄量、高水头及高流速等特点。电站引水发电系统均采用首部式地下厂房，布置于左、右岸山体内，单机单管引水、两台机组共用一个尾水调压室和一条尾水隧洞。左、右岸引水发电系统均由进水口、压力管道、主厂房、主变洞、尾水管检修闸门室、尾水调压室、尾水隧洞、尾水出口及地面出线场等组成。白鹤滩枢纽工程布置图，如图1-9所示。

1.5.2 装机容量、拱坝类型对比

白鹤滩水电站左、右岸地下厂房内各安装8台单机100万kW的水轮发电机组，总装机容量为1600万kW，水电站多年平均年发电量约624.43亿kW·h，是仅次于三峡水电站的世界第二大水电站。三峡水电站的装机容量为2250万kW，年平均发电量为882亿kW·h。这两个发电量接近的水电站，大坝形状看起来却完全不同。三峡大坝是一条笔直的大坝，上下游很宽，横截面是一个直角三角形，如图1-10所示；相比起长达2308m的三峡大坝，白鹤滩大坝显得十分秀气，又薄又高，全坝呈水平的拱形，凸边面向上游，两端紧贴着峡谷岩壁，如图1-11和图1-12所示。

三峡大坝和白鹤滩大坝分别为重力坝和拱坝，是两类最重要水坝的典型代表。水坝的两侧水压不均，上游压力大，下游压力小，随着两侧水位差的增加，

图 1-9　白鹤滩枢纽工程布置图

图 1-10　三峡枢纽工程布置图

图 1-11 建设中的白鹤滩大坝（上游视图）

图 1-12 建设中的白鹤滩大坝（下游视图）

这种压差往往能超过 20 个标准大气压。要想大坝安全工作，就必须平衡这种压差形成的巨大水推力。其中，重力坝是依靠坝体自重产生的摩擦力来抵消水推力，而拱坝则是借助于拱的形状将水推力传递给两侧的岩体。白鹤滩大坝采用“双曲拱坝”，坝顶高程 834m，最大坝高 289m，顶宽 14m，最大底宽 72m。在各种拱坝形式中，双曲拱坝受力模式较为科学，尤其是对于白鹤滩这样的 V 形河谷，可以有效地节省建坝材料，同时保证安全。

1.5.3　水轮发电机组特征参数

白鹤滩水电站 16 台水轮发电机组分别由 2 个不同主机厂家制造，左岸电站 1～8 号机组由东方电气集团东方电机有限公司制造（简称“东电”），右岸电站 9～16 号机组由哈尔滨电机厂有限责任公司制造（简称“哈电”），是世界上单机容量最大的巨型水轮发电机组。

发电机型式均为立轴半伞式密闭自循环全空气冷却三相凸极同步发电机，额定容量为 1111MVA，机端额定电压为 24kV，中性点通过二次侧带负载电阻的变压器接地。水轮机型式为立轴混流式，带有金属蜗壳和弯肘型尾水管。水轮机额定水头均为 202m，额定转速分别为 111.1r/min（左岸）、107.1r/min（右岸），额定出力均为 1015MW。

第2章 ▶ 水工建筑物——工程之基

白鹤滩水电站水工建筑物主要由混凝土双曲拱坝、泄洪消能建筑物及左、右岸引水发电建筑物组成。白鹤滩水电站是典型的高坝大库，最大坝高289m，水库总库容为206.27亿m^3。泄洪建筑物由6个表孔、7个深孔和3条泄洪洞组成，校核工况下总泄洪流量约42348m^3/s。引水发电系统布置在左、右岸山体内，由进水口、压力管道、主厂房、主变洞、尾水管检修闸门室、尾水调压室、尾水隧洞及尾水出口等组成。

白鹤滩水电站坝址地处高山峡谷，两岸地形不完全对称，岩性复杂并位于高地震烈度区，工程规模巨大，其施工难度和复杂程度可想而知。工程在设计和建设过程中不断创新，攻克高坝大库抗震防震、柱状节理玄武岩坝基处理、地下厂房洞室群高应力围岩稳定、深卸荷边坡处理、高陡边坡快速开挖、特高拱坝复杂坝基开挖等技术堡垒，地下洞室群规模、圆筒式尾水调压室规模、300m级高坝抗震参数、无压泄洪洞群规模等多项特征参数世界第一，将水电开发建设技术推到新的高度，为我国水电建设事业添上浓墨重彩的一笔。白鹤滩水电站世界之最如图2-1所示。

2.1 大坝

大坝是水电站枢纽工程的核心建筑物，承担着挡水与泄洪的重要任务。白鹤滩水电站大坝采用混凝土双曲拱坝。坝身呈水平向和竖直向弯曲，水平向弯曲可以发挥拱的作用，将大坝承受的巨大水压力传递给两侧山体，以山体产生的反作用力使坝体维持稳定，堪称名副其实的“借力打力”。

图 2-1 水工设备设施世界之最

白鹤滩水电站大坝坝顶高程为 834m，最大坝高 289m，坝顶宽度为 14m，拱冠梁底厚度 63m，坝顶中心线弧长 709m，混凝土用量约为 803 万 m^3。坝身自下而上布置 6 个导流底孔（仅施工期运行）、7 个泄洪深孔和 6 个溢流表孔。坝内设有基础廊道、多层水平廊道、管线廊道、电梯井及抽排系统等。图 2-2 所示为大坝三维图。

（1）白鹤滩水电站是典型的高坝大库。 白鹤滩水电站大坝最大坝高 289m，位居世界第三，相当于 103 层摩天大厦的高度，如图 2-3 所示。水库总库容为

206.27 亿 m^3，调节库容为 104.36 亿 m^3，防洪库容为 75 亿 m^3。

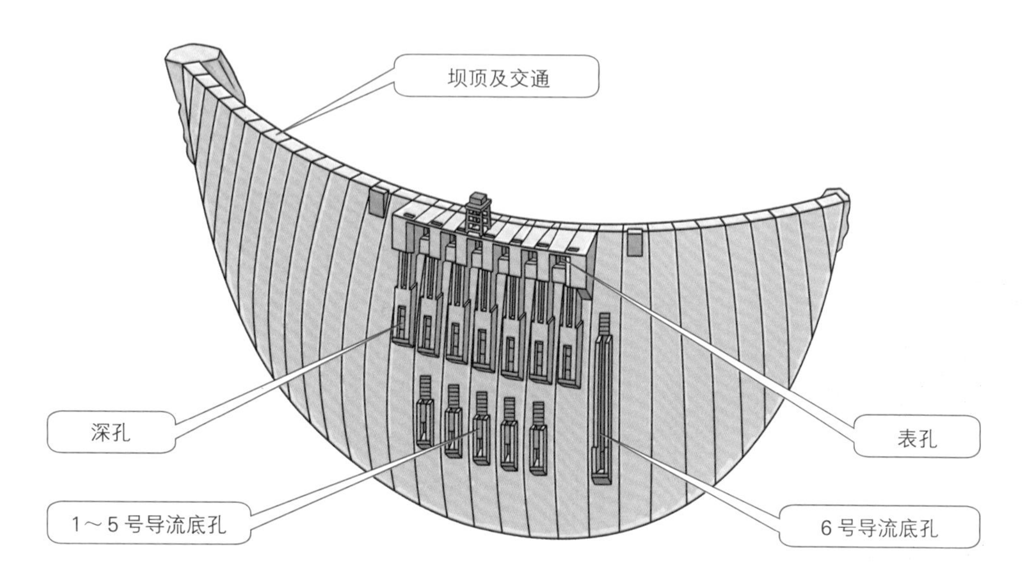

图 2-2　大坝三维图

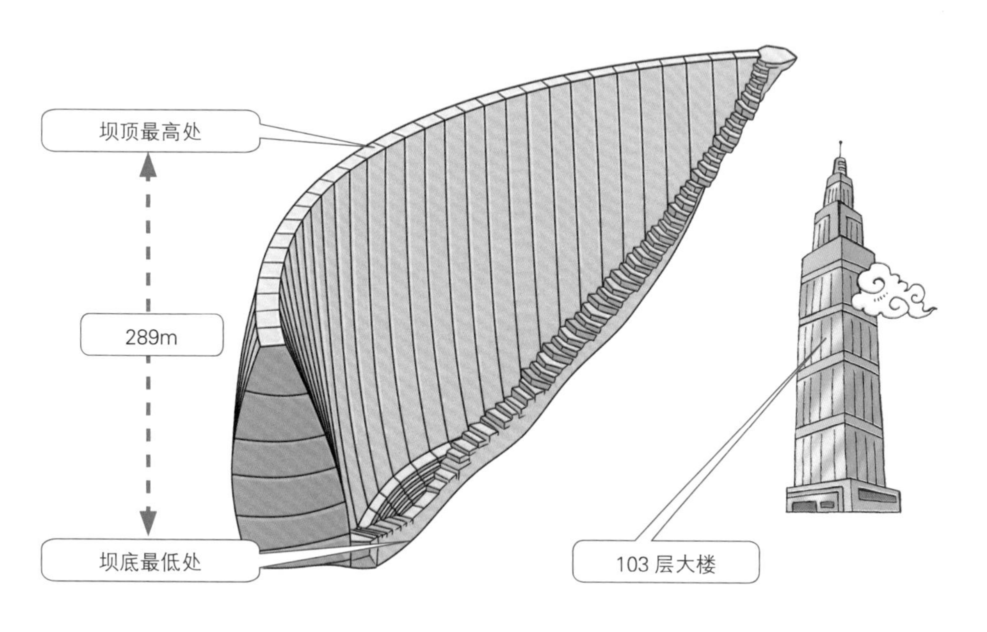

图 2-3　从大坝坝底到坝顶高为 289m

（2）大坝坝基设置混凝土扩大基础。白鹤滩水电站大坝坝基存在柱状节理玄武岩，该岩层易松弛、变形。为确保大坝“脚下有根”，提高坝基稳定性，在大坝下游侧坝基部位设置扩大基础，如图 2-4 所示。扩大基础横缝位置、形式和坝体一致，作为坝体的扩展区与坝体整浇、连续上升。

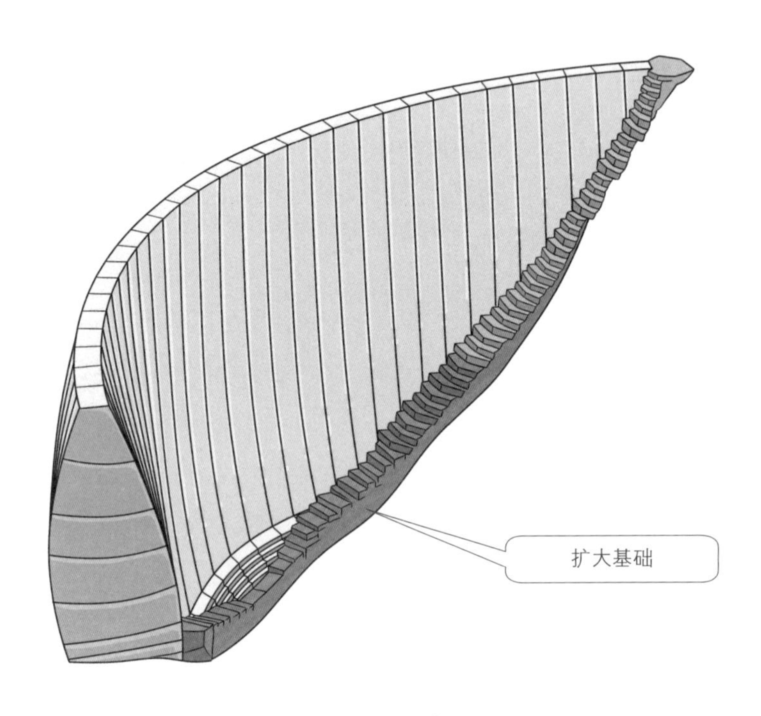

图 2-4 扩大基础

（3）大坝工程开创高拱坝智能建造先河。大坝建造技术先后历经了机械化、信息化、智能化发展历程，如图 2-5 所示，而白鹤滩大坝将智能建造与筑坝技术深度融合，开创了高拱坝智能建造先河。白鹤滩大坝建设以“全面感知、真实分析、动态控制”为理念，建立了大坝智能建造信息管理平台，如图 2-6 所示。通过埋设在坝体内的上万只监测仪器，感知温度、压力、变形等重要信息，并将信息反馈给智能建造信息管理平台进行实时分析判断，准确进行智能控制和实时调节，实现了建造运行全周期的精细化管控，使白鹤滩大坝成为“最聪明”的大坝。

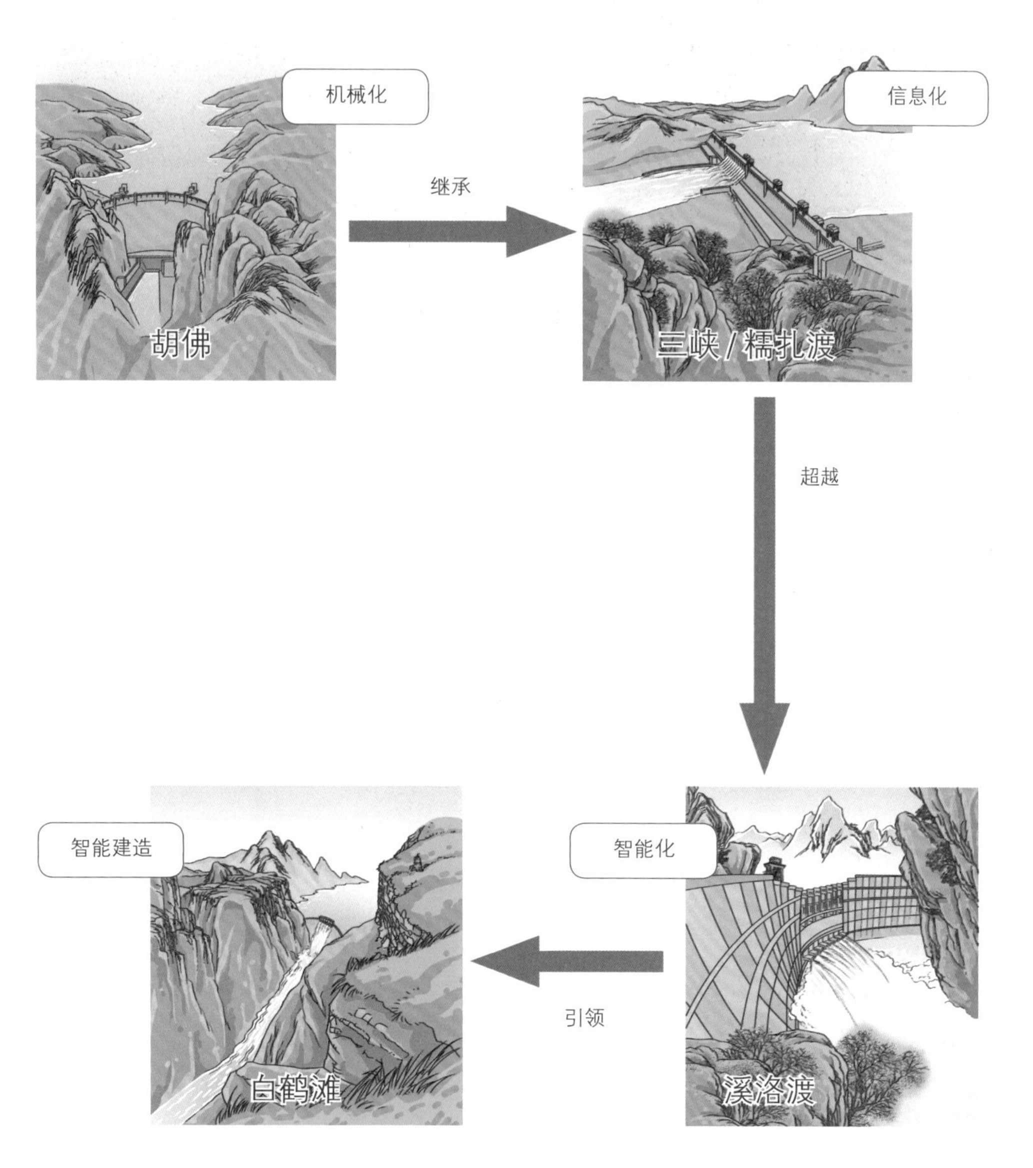

图 2-5　水电工程建造技术发展历程

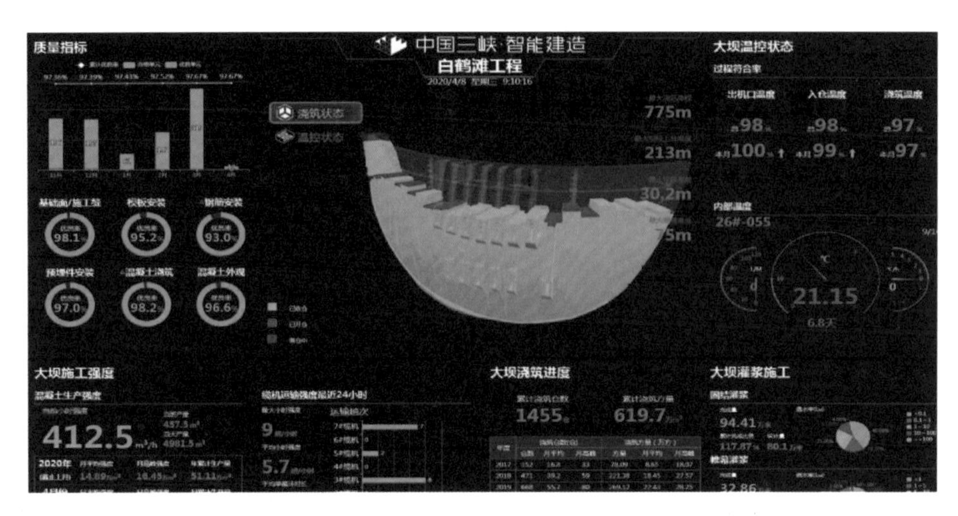

图 2-6　大坝智能建造信息管理平台

智能温控系统和智能通水系统是大坝智能建造的重要组成部分，智能温控系统就像是大坝的“温度计”，实时监测着大坝的体温，而智能通水系统就像是一剂“降温贴”，对大坝温度进行实时动态调节。大坝智能控制系统示意图，如图 2-7 所示。

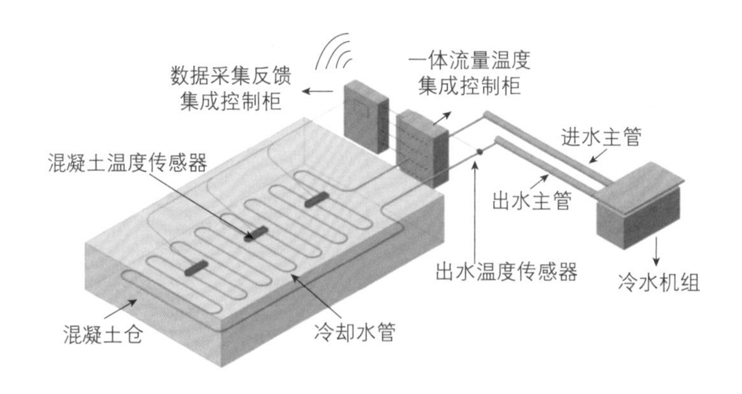

图 2-7　大坝智能控制系统示意图

（4）首次在 300m 级特高拱坝全坝使用低热水泥混凝土。针对特高拱坝温控防裂难题，白鹤滩大坝全坝应用低热水泥混凝土，其水化热的温度比中热水泥混凝土低，且具有良好的抗干缩、抗侵蚀、抗冲耐磨性能以及后期强度高、强度持续增长的优点，白鹤滩大坝的低热水泥混凝土浇筑总量达 803 万 m^3，这在国际上尚属首例，其应用可保证大坝不产生温度裂缝。无缝大坝，如图 2-8 所示。

图 2-8　无缝大坝

（5）300m 级高坝抗震参数世界第一。白鹤滩水电站最大坝高 289m，属于 300m 级特高拱坝，它所承受的总水推力达到 1.65×10^8kN，是国内外坝址地质条件最为复杂的高拱坝之一。坝址地震基本烈度按 50 年超越概率 10% 确定为Ⅷ度，抗震参数在 300m 级特高拱坝中居世界第一，如表 2-1 所示。

表 2-1　世界 300m 级特高拱坝设计地震加速度排名

排名	1	2	3	4	5	6
工程名称	白鹤滩	溪洛渡	小湾	乌东德	锦屏一级	英古里（格鲁吉亚）
最大坝高（m）	289	285.5	292	265	305	271.5
设计地震加速度 g	0.406	0.321	0.308	0.27	0.197	0.20

2.1.1　坝顶及交通

坝顶建筑主要包括交通路面、人行道、防浪墙、门机平台、启闭机房、电梯机房、管线廊道等。

坝顶上、下游分别设置混凝土防浪墙、安全护栏，路面上、下游侧设置人行道；门机平台布置在表孔坝段坝顶，平台高程较坝面高 2m，15 ～ 20 号坝段表孔闸墩上各布置有 1 个启闭机房，15 号坝段边墩上布置配电房；左岸 13 号坝段、右岸 23 号坝段上游侧各布置 1 个电梯机房。图 2-9 所示为大坝坝顶布置图，图 2-10 所示为大坝坝顶三维效果图。

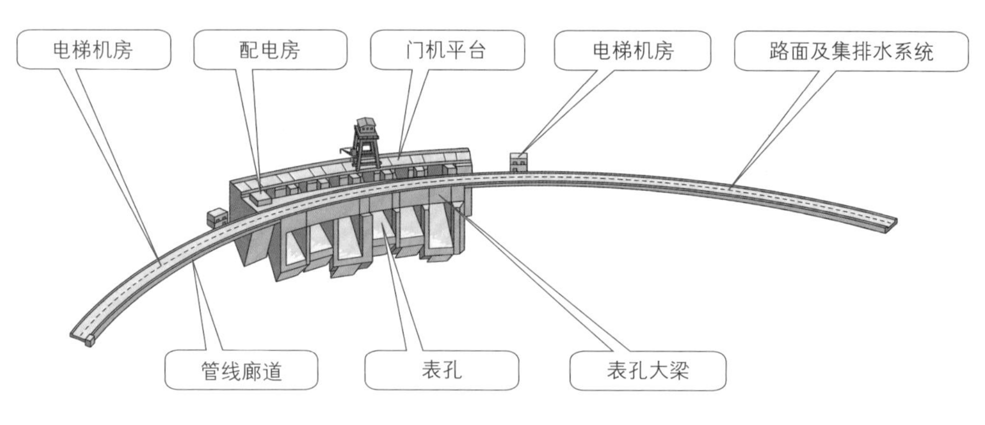

图 2-9　大坝坝顶布置图

图 2-10　大坝坝顶三维效果图

2.1.2　表孔

大坝坝身设置 6 个表孔，均为开敞式溢洪道，布置在拱坝的中央，堰顶高程为 810.0m，泄洪能力强，单孔最大泄流量可达 3000m^3/s。表孔堰顶设弧形工作闸门挡水。一般情况下，白鹤滩大坝表孔仅在 8 月下旬和 9 月参与泄洪，泄洪时间相对较短。表孔泄洪如图 2-11 所示。

图 2-11　表孔泄洪

2.1.3　深孔

大坝共有 7 个泄洪深孔，以 4 号深孔轴线为溢流中心线，其余 6 个深孔沿溢流中心线对称布置，孔身为有压长管形式，断面尺寸逐渐扩大，出口高程均为 724m。深孔出口按水舌“纵向分层起跃，横向充分扩散，空中碰撞消能，分散入水”的原理进行布置。深孔进口布置了事故检修门槽，出口弧形工作门挡水。

7 个深孔共用两扇事故检修门，当深孔流道、弧形工作门检修或弧形工作门无法关闭时，落事故检修门挡水。深孔平面布置图，如图 2-12 所示。

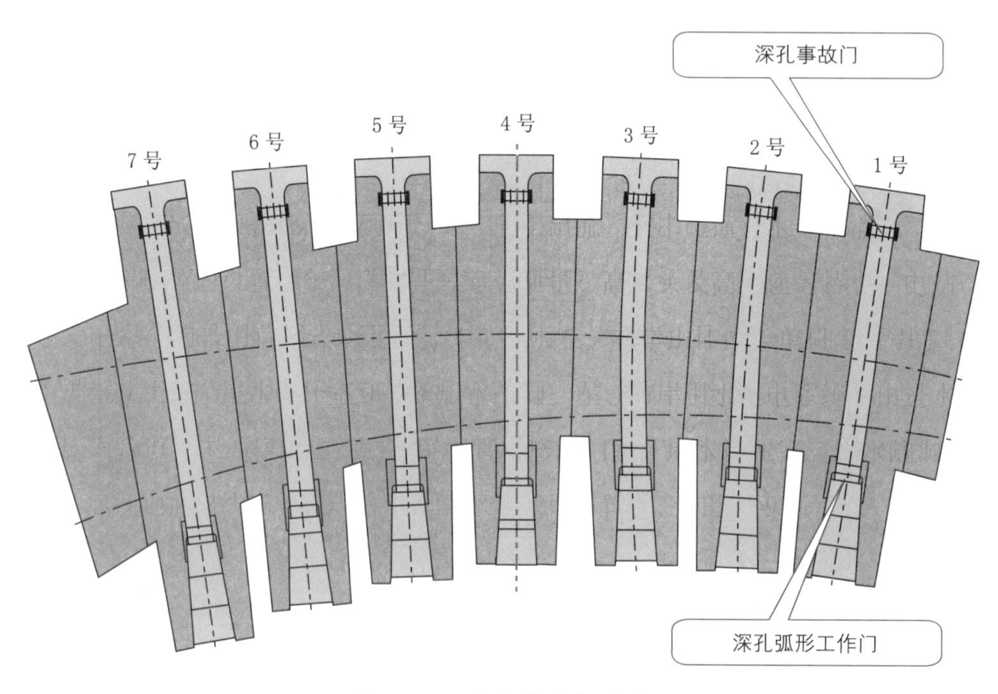

图 2-12　深孔平面布置图

2.1.4　导流底孔

为满足导流洞下闸后的过流要求，大坝坝身布置 6 个导流底孔，进口底槛高程为 630m。1 ～ 5 号导流底孔上游进口设封堵平板闸门，6 号导流底孔上游进口设封堵平板闸门，为满足初期蓄水期控泄生态流量的要求，出口还设置了弧形工作闸门，1 ～ 5 号导流底孔下闸蓄水后，6 号导流底孔继续过流，蓄水至深孔过流。导流底孔封堵闸门最大挡水水头约为 192m。为保证拱坝的整体性，导流底孔在下闸后进行全孔段封堵。导流底孔如图 2-13 所示。

图 2-13　导流底孔

2.1.5　大坝廊道

为满足基础灌浆、排水、观测、检查、坝内交通及管线布设等要求，坝内布置基础廊道、多层水平廊道及管线廊道。

坝体共设 5 层水平廊道，每层高差 50m 左右，坝内各层廊道与电梯井、坝后桥、两岸岸坡连接，其中大坝管线廊道类似于城市综合管廊，与其他水电站在坝顶布置电缆沟的常规设计不同，白鹤滩管线廊道布置于坝内，坝顶布置非常简洁，有利于美化坝顶环境。大坝廊道布置如图 2-14 所示，大坝廊道施工期养护如图 2-15 所示。

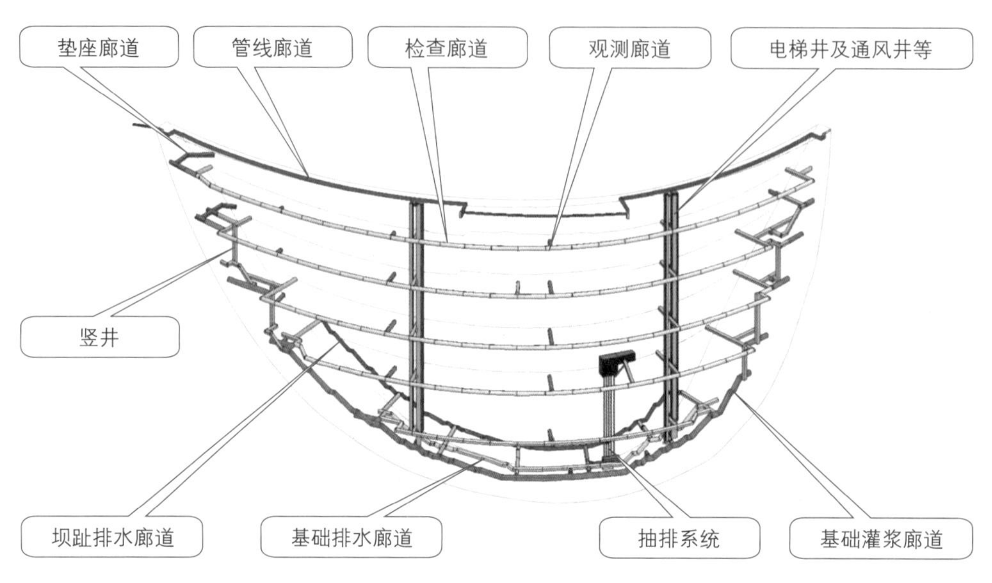

图 2-14　大坝廊道布置图

图 2-15　大坝廊道施工期养护

小结

大坝是最主要也是最重要的水工建筑物，它的安全直接影响水电站设计效益的发挥，同时也关系到下游人民群众的生命财产安全、经济社会发展和生态环境等。白鹤滩坝址地处干热河谷，地质构造复杂，大坝规模巨大，混凝土浇筑强度高，温控难度大，施工难度在世界坝工史上名列前茅。建造过程始终贯彻“精品工程”标准，精益求精、勇攀高峰、攻坚克难，先后克服柱状节理玄武岩基础处理、高地震烈度区建 300m 级特高拱坝等世界性技术难题。首次在特高拱坝全坝采用低热水泥混凝土，开创智能建造技术的先河，填补了复杂地质条件下建造特高拱坝多项技术空白，让白鹤滩无缝大坝巍峨屹立于金沙江上。

2.2 水垫塘及二道坝

水垫塘及二道坝是工程泄洪消能设施的重要组成部分。水垫塘的作用是为下泄水流提供消能场所，就像一张吸能垫一样铺在大坝下游，减轻下泄水流对下游坝基和岸坡的冲刷。二道坝设置在水垫塘末端，以壅高水垫塘水位，保证塘内形成稳定的淹没水跃，阻挡回流将砂石带入水垫塘而导致磨损破坏，并为水垫塘检修创造条件。水垫塘及二道坝如图 2-16 所示。

图 2-16　水垫塘及二道坝

（1）世界最大的反拱底板水垫塘。白鹤滩水电站水垫塘采用反拱形底板接复式梯形断面设计，两侧设有拱座和边墙，可增强水垫塘的结构稳定性并改善底板水力条件。水垫塘体长360m、弦长130m、顶宽210m，混凝土总方量约50万m^3，是目前全世界最大的反拱形底板水垫塘。充水后将形成深48m的水垫，承担高水头、高流速、巨泄量的泄洪消能任务。

（2）二道坝采用重力式混凝土坝。二道坝为双向挡水的溢流坝，坝型采用重力式混凝土坝，布置在大坝下游，坝顶高程608m，高出水垫塘底板48m，最大坝高为67m，坝顶宽度为10.2m，坝长为177.67m，上、下游面均为圆弧形溢流面。二道坝内布置水垫塘检修排水泵房，高程为558m，水垫塘需要检修时，采用水泵排放塘内积水。水垫塘布置自流充（排）水管路，可利用二道坝上、下游水位差实现水垫塘内自流充（排）水，如图2-17所示。

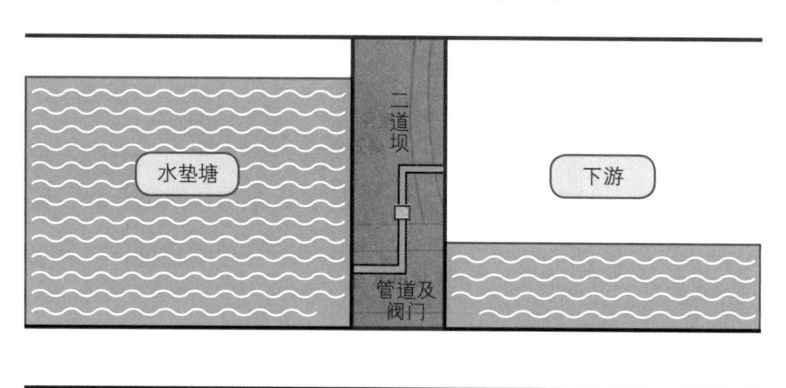

图2-17　水垫塘自流充（排）水示意图

小结

白鹤滩水电站坝身泄洪具有高水头、高流速、巨泄量的特点，采用反拱形底板接复式梯形断面设计，可以利用天然河床形状修建底板呈反拱形的消能防冲结构，具有锚固少、超载能力强、稳定性强、开挖量小的优点，有利于长久安全稳定运行。

2.3 泄洪洞

泄洪洞是水电工程中承担泄洪任务的重要建筑物。白鹤滩水电站共设计了 3 条泄洪洞，布置于左岸山体内，为无压直洞、洞内“龙落尾”形式，由进水塔、上平段、龙落尾段、通风系统和挑流鼻坎段等组成。1 号、2 号和 3 号泄洪洞全长分别为 2317m，2258.5m 和 2170m，3 条泄洪洞采用直线发散型布置。泄洪洞进口位于左岸电站进水口与大坝之间，进口中心距为 50m，设有事故检修闸门和工作闸门，泄洪洞进口底槛高程为 770m，出口高程为 650m，采用挑流消能。进水塔内安装有事故检修闸门和弧形工作闸门，事故检修闸门由塔顶门机启闭，弧形工作闸门由液压启闭机启闭。泄洪洞三维结构图，如图 2-18 所示。泄洪洞进水塔三维图，如图 2-19 所示。

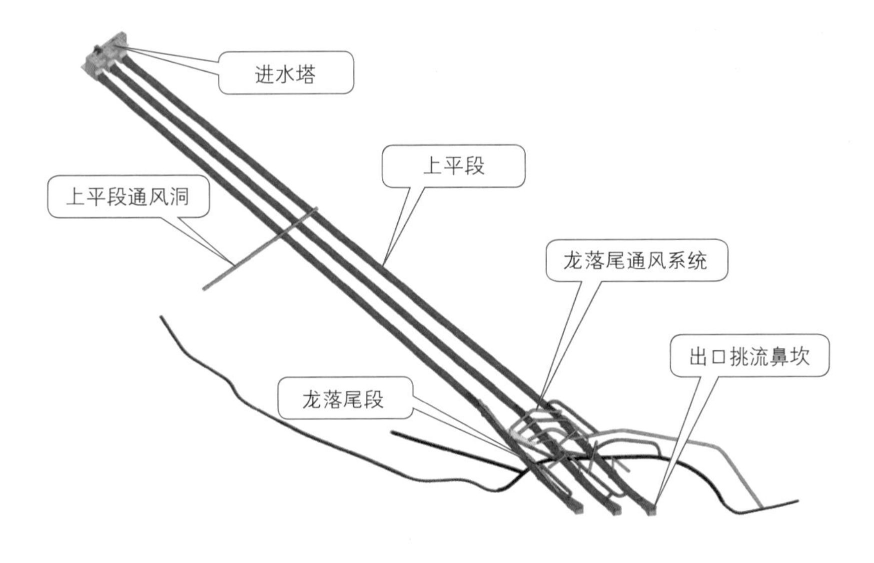

图 2-18　泄洪洞三维结构图

（1）无压泄洪洞群规模世界第一。白鹤滩水电站 3 条泄洪洞最大泄量为 12300m³/s，泄洪功率为 30500MW，同规模水电站中泄洪洞泄洪功率最大；1 号泄洪洞长达 2317m，同等规模水电站中泄洪洞单洞长度最长；泄洪洞出口明

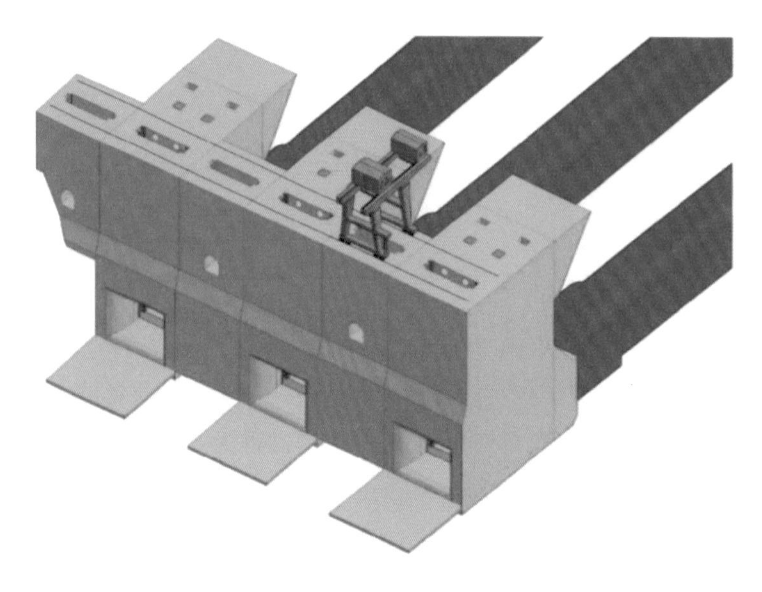

图 2-19　泄洪洞进水塔三维图

挖工程总量约为 1140 万 m^3，明挖工程量世界第一；泄洪洞门机额定起重量为 2×8000kN，起重量世界第一，如图 2-20 所示。

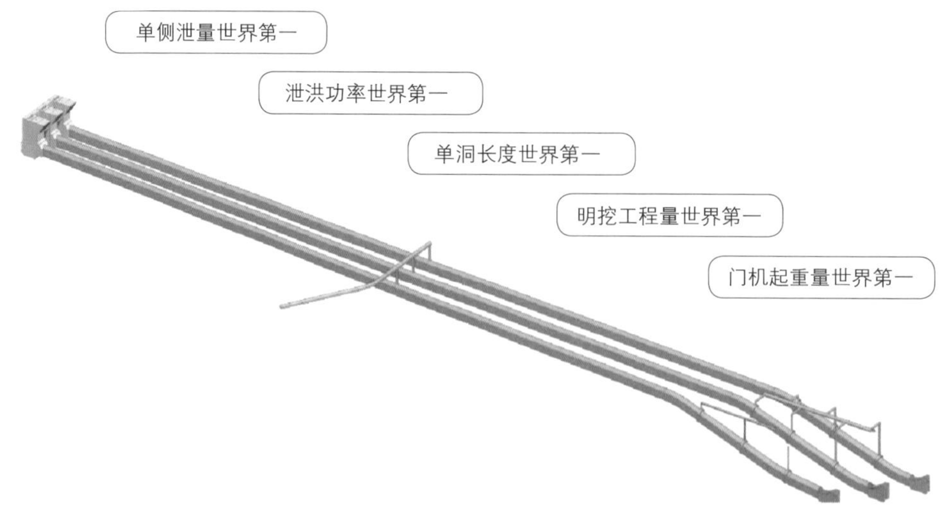

图 2-20　泄洪洞主要特征

（2）泄洪洞工程首次实现全过流面浇筑低坍落度混凝土。受高速水流空化、气蚀影响，泄洪建筑物是水电站运行期间最易出现破坏的工程部位，多年来行业内一直在探索水工隧洞高质量混凝土衬砌的可能，却始终未能取得突破。白鹤滩水电站泄洪洞工程首次实现全过流面浇筑低坍落度混凝土，并研发基于薄壁结构衬砌混凝土的智能温控技术，创新运用“施工缝无缝衔接工艺”，解决了衬砌混凝土施工质量顽疾，过流面达到了 2m 靠尺检查不平整度小于 3mm 的标准，实现了体型精准、平整光滑、无缺陷的目标，养护状态下呈现镜面映射效果，在业界被誉为“**镜面混凝土**”，是白鹤滩水电站世界一流精品工程的一张名片，如图 2-21 所示。

图 2-21　神奇的“镜面混凝土”

（3）泄洪洞龙落尾段设置 3 道掺气坎。掺气坎是为实现掺气抗蚀而设置在泄水建筑物急流底部边壁的坎状局部结构。白鹤滩水电站泄洪洞龙落尾段设置 3 道掺气坎，在每道掺气坎处相应设置 1 条通风竖井，在龙落尾段起点附近和中部位置还各设置 1 条洞顶通风竖井。3 条泄洪洞龙落尾段共有 15 条通风竖井，与 9 条通风平洞相连，以底掺气和侧掺气组合方式直接向洞内补气，实现了无压泄洪，减少了大流量、高流速水流对混凝土的侵蚀，形成了**完备的掺气补气系统**。泄洪洞龙落尾通气洞三维示意图，如图 2-22 所示。

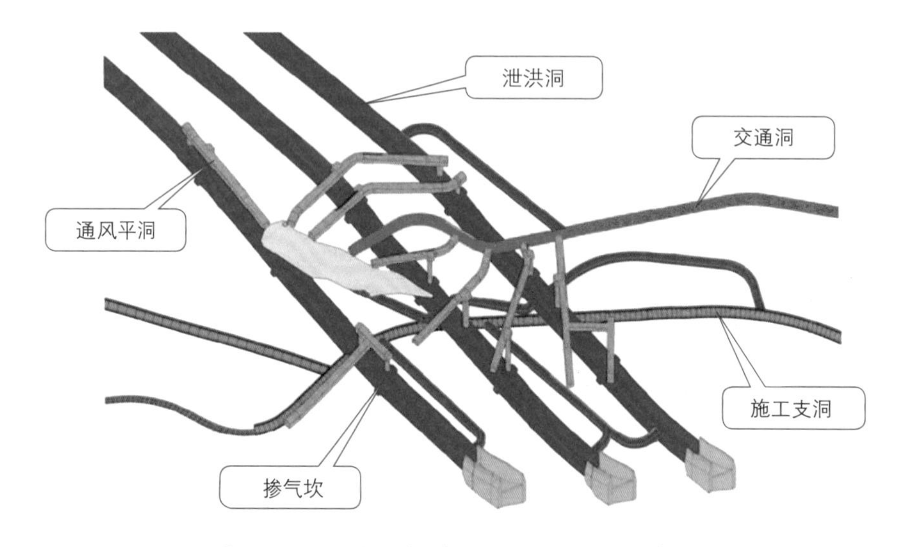

图 2-22　泄洪洞龙落尾通气洞三维示意图

（4）泄洪洞进口工作闸门采用世界最大横向三支臂弧形工作闸门。白鹤滩泄洪洞进口工作闸门采用横向三支臂潜孔弧形工作闸门，闸门主要由门叶、支臂、支铰及支撑大梁等部分组成，横向设有 3 根支臂，支臂为 A 字形、焊接箱形结构，分为 3 个运输单元。支臂与门叶、支臂与裤衩、支臂与支铰之间采用螺栓连接，单扇质量为 720t，承受的最大水推力为 11000t，工作闸门孔口尺寸为 15m × 9.5m。三支臂弧门结构门叶两支点间的距离缩小，增加门叶顶梁支撑强度，减小变形以保证顶水封的封水效果；提高门叶整体刚度，克服流激振动问题；单个支铰的质量减小，降低了安装支铰的吊装难度。泄洪洞弧形工作闸门如图 2-23 所示。

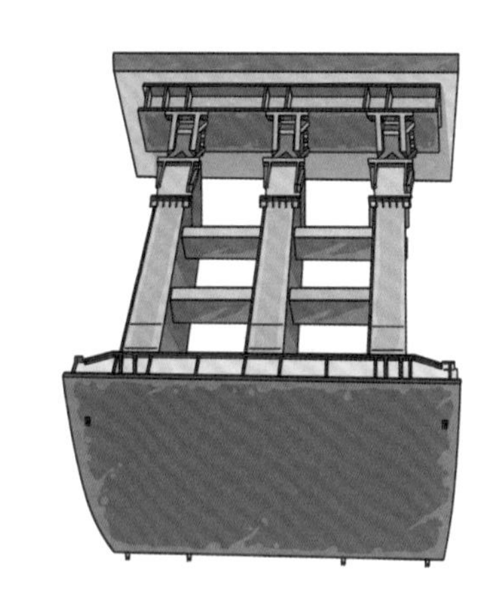

图 2-23　泄洪洞弧形工作闸门

（5）门机起重量大，居世界水电行业第一。泄洪洞门机采用双吊点方式，额定起重量为 2×8000kN，是目前世界水电行业起重量最大的门式启闭机，相当于可同时起吊 1067 辆小轿车，如图 2-24 所示。

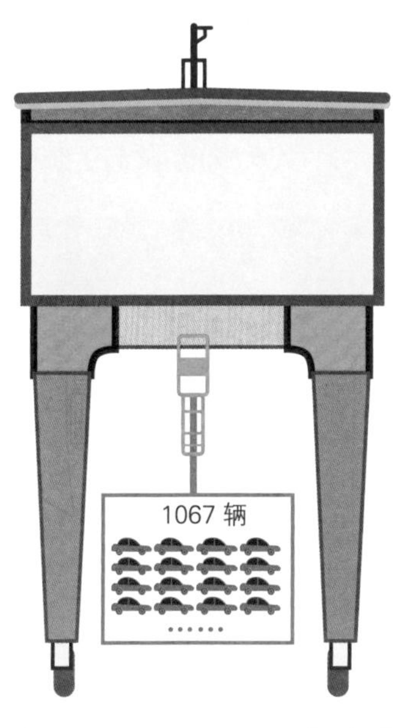

图 2-24　泄洪洞门机起重量

小结

白鹤滩水电站泄洪洞布置在左岸山体内，裁弯取直，消能避开峡谷河段，减小与坝身联合泄洪对边坡稳定的叠加影响，工程量巨大、无压泄洪洞群规模世界第一，攻克了高水头窄河谷单侧大泄量泄洪消能、大单宽流量泄洪洞高速水流空化空蚀、万吨级大推力弧门结构安全、高强度混凝土温控防裂等关键技术难题。白鹤滩泄洪设施具有超泄能力强、安全度高、运行方便等特点，3 套泄洪设施互为保障，提高了泄洪的安全性和灵活性。

2.4 引水发电系统

引水发电系统是从水库引水至水轮机的取水、输水等水工建筑物的总称。白鹤滩水电站采用首部式地下厂房，由进水口、压力管道、主厂房、主变洞、尾水管检修闸门室、尾水调压室、尾水隧洞、尾水出口等建筑物组成。白鹤滩水电工程枢纽布置图，如图 2-25 所示。引水发电系统三维布置图，如图 2-26 所示。

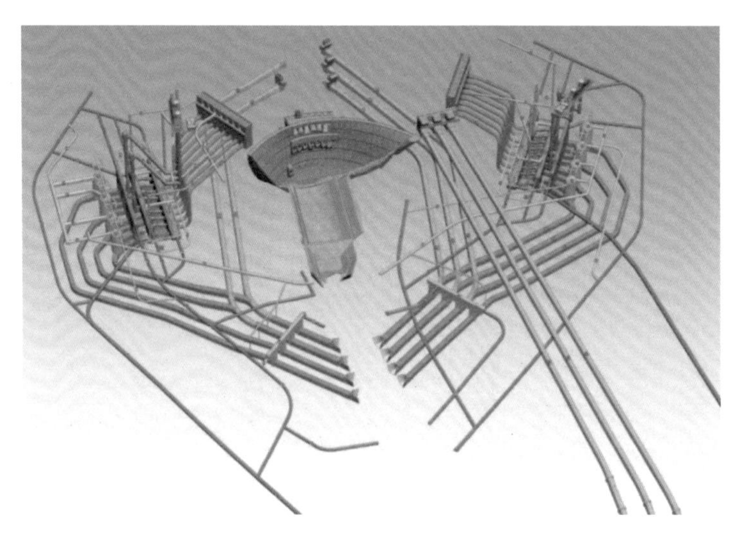

图 2-25　白鹤滩水电工程枢纽布置图

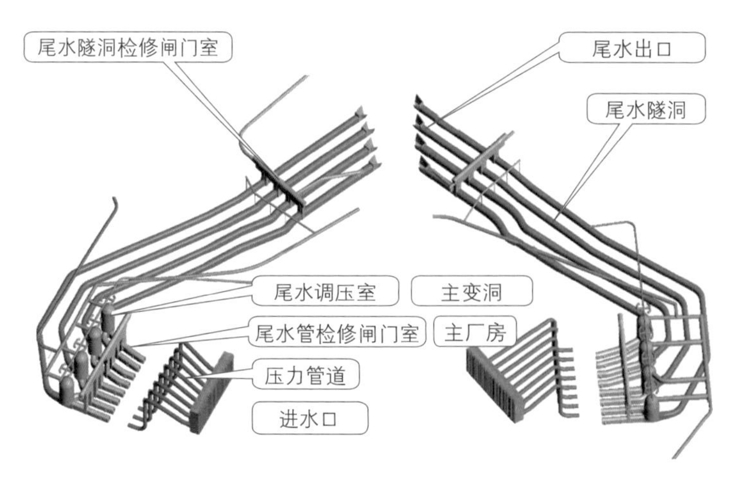

图 2-26　引水发电系统三维布置图

地下洞室群规模世界第一。白鹤滩水电站由主厂房、主变洞、尾水管检修闸门室、尾水尾调室、尾水隧洞检修闸门室等主要洞室组成，还有众多配套的交通洞室、施工洞室，各类洞室总长度达 217km，洞室开挖量达 2500 万 m^3，相当于 1 万个标准游泳池的大小，是国内外水电工程中规模最大的地下洞室群，如图 2-27 所示。

图 2-27　地下洞室群规模

2.4.1　进水口

白鹤滩水电站进水口位于大坝上游，采用岸塔式结构，左岸、右岸对称布置，各有 8 个进水塔一字排开，进水口前缘总宽度为 265.6m，顺水流方向长 32.5m，依次布置拦污栅、分层取水门、检修门、快速门，其中快速门由液压启闭机操作，其余闸门由塔顶门机操作。进水口底板高程为 736m，塔顶高程同大坝坝顶高程为 834m，相当于 37 层居民楼房高度。进水口设备设施布置图，如图 2-28 所示。

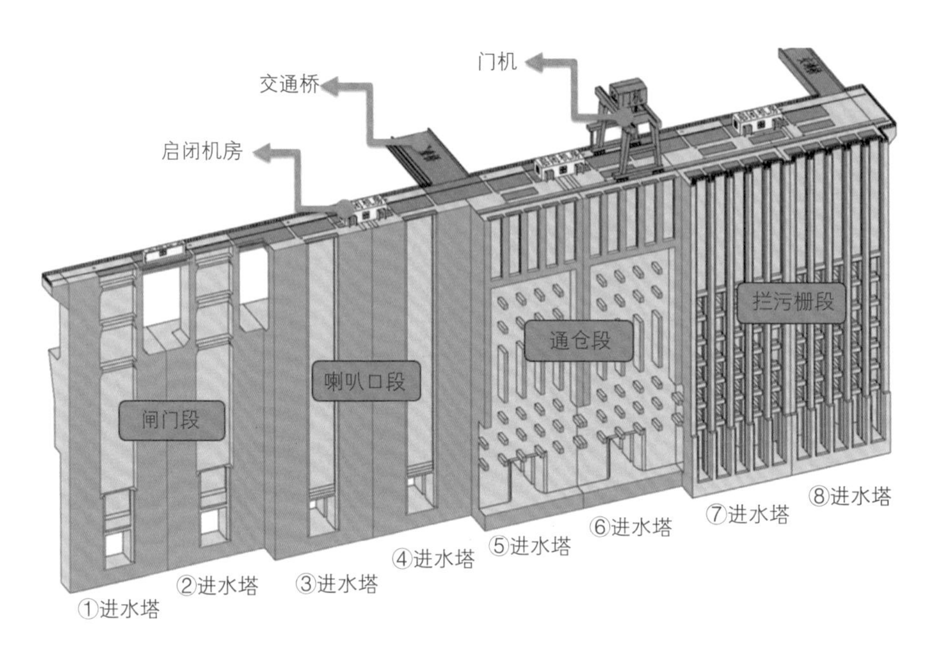

图 2-28　进水口设备设施布置图

进水口设置分层取水门。白鹤滩水电站在进水口设置了分层取水门，通过操作分层取水门使机组取上中层水，调节出库水温，以促进珍稀鱼类产卵繁殖，保护河流生物的多样性。水温分层示意图，如图 2-29 所示。

图 2-29　水温分层示意图

快速门液压启闭机最大持门力达 12500kN。快速门用于机组过速、水淹厂房等情况时，快速切断机组水流。白鹤滩水电站快速门液压启闭机油缸大，内径为 950mm，外径为 1190m，长为 17.4m，总质量约 105t，能维持住闸门下降时最大 12500kN 的力，**持住力世界第一，**是名副其实的“大力士”。大型水电站快速门液压启闭机起重量参数如表 2-2 所示。

表 2–2　大型水电站快速门液压启闭机起重量参数

水电站名称	白鹤滩	三峡	溪洛渡	向家坝	乌东德
启门力 / 持住力（kN）	8000/12500	4000/8000	4500/10000	4000/8500	5000/10000

2.4.2　压力管道

白鹤滩水电站引水压力管道采用单机单洞竖井式布置，断面为圆形，垂直进厂，与机组蜗壳延伸段相接。左岸压力管道总长为 394.6 ～ 406.7m，右岸压力管道总长为 385.7 ～ 518.2m。管道上平段采用钢筋混凝土衬砌，内径为 11.0m，从上平段末端起采用钢板衬砌，内径为 10.2 ～ 8.6m。压力钢管布置图，如图 2-30 所示。

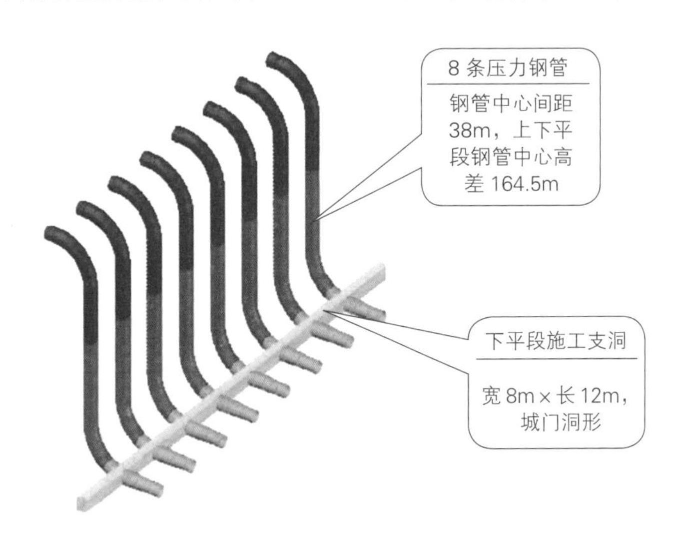

图 2-30　压力钢管布置图

采用800MPa低合金高强钢制造压力钢管，如图2-31所示。白鹤滩水电站压力钢管采用了800MPa级高强度低焊接裂纹敏感性钢板制造，具有高强韧性、良好冷变形性及焊接性。800MPa级高强度钢每平方厘米可承受8t压力，相当于100个成年男性的重量。

图2-31　800MPa低合金高强钢制造压力钢管

2.4.3　地下厂房及主变洞

白鹤滩水电站地下厂房布置在拱坝上游两岸山体内，是16台百万机组的“栖息之地”，厂房长438m，宽34m，高88.7m，最大水平埋深1050m，垂直埋深330m，足足可以装进数栋30层高的摩天大厦。左、右岸地下厂房均采用“一”字形布置，从南到北依次布置副厂房、辅助安装场、厂房机组段、安装场、空调机房。主变洞位于地下厂房下游，中间由母线洞连接，如图2-32所示。

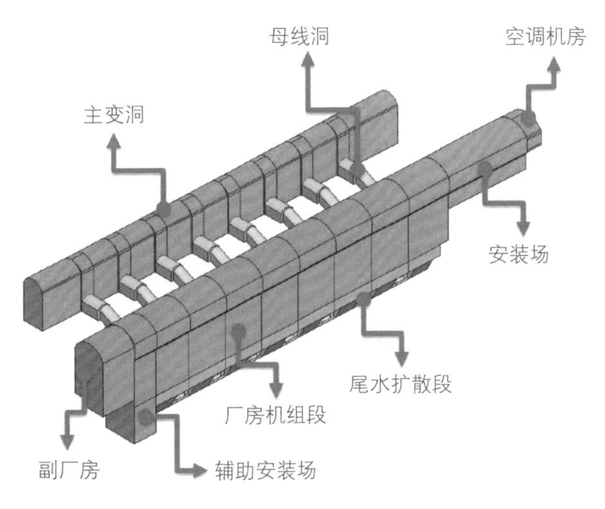

图 2-32　地下厂房及主变洞结构示意图

机组段是厂房最核心的部分。百万机组的不同设备安装在不同的层，但是彼此间相互连接，从上至下依次为顶拱通风层、发电机层、中间层、水轮机层、蜗壳上层、蜗壳下层及尾水锥管层等，如图 2-33 所示。

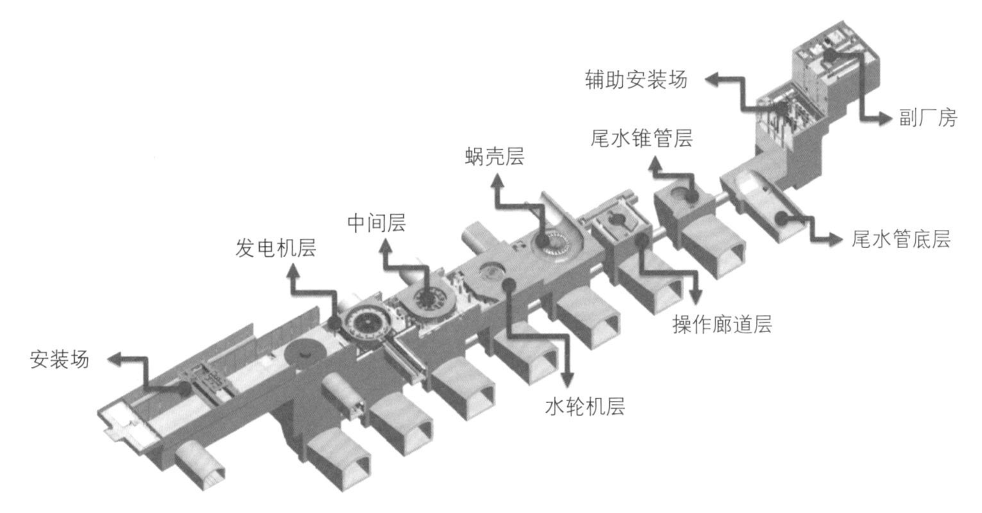

图 2-33　厂房段结构示意图

多功能副厂房位于机组段南端，平面尺寸为 32m × 31m，自下而上共分 8 层布置。第一层为空压机层，第二层为油处理室层，第三层为照明配电层，第四层为电缆层，第五层为 10kV 厂用开关柜层，第六层为二次电缆层，第七层为二次监控层，第八层为空调机房层，如图 2-34 所示。

图 2-34 副厂房功能分区

2.4.4 尾水管检修闸门室

白鹤滩水电站尾水管检修闸门室与尾水调压室分开布置，每台机组设一道尾水管检修门槽。尾水管检修闸门室用于布置尾水管检修闸门，当机组检修时落门挡水，为机组和尾水管检修创造条件。左、右岸各设 6 扇尾水管检修闸门和 2 台尾水管台车，尾水管检修闸门由台车启闭。尾水管检修闸门室示意图如图 2-35 所示。

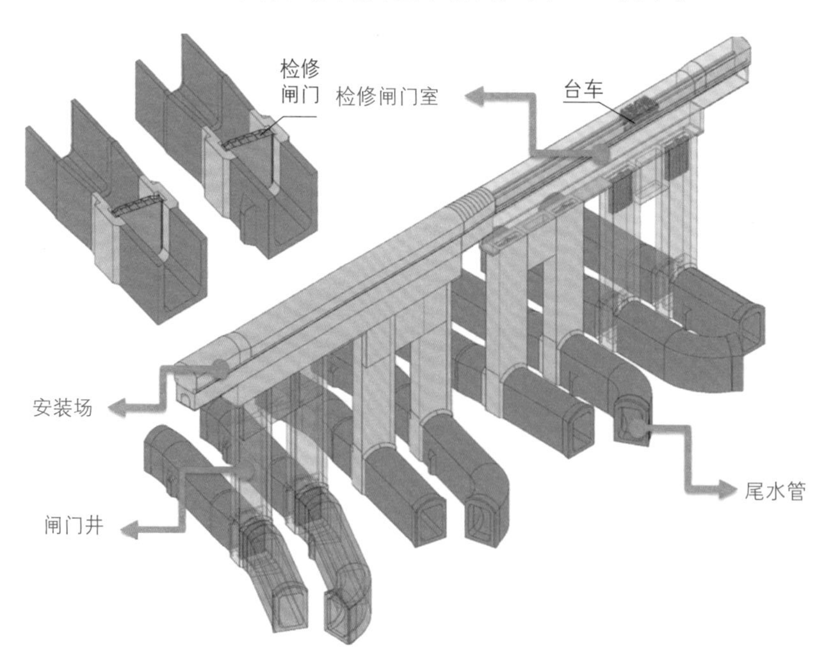

图 2-35 尾水管检修闸门室示意图

2.4.5 尾水调压室

（1）尾水调压室采用圆筒形阻抗式结构。通过调压室内水位升降，减小尾水冲击，改善机组的运行条件。尾水调压室采用圆筒形阻抗式结构，调压室底部 2 条尾水管汇流形成一条尾水隧洞。尾水调压室与主厂房、主变洞平行布置。尾水调压室结构示意图，如图 2-36 所示。

（2）圆筒式尾水调压室规模世界第一。白鹤滩水电站有 8 个圆筒式尾水调压室，直径为 42 ～ 48m，高度为 112 ～ 128m，是世界水电工程中规模最大的圆筒式尾水调压室群。世界水电站圆筒式尾水调压室排名，如表 2-3 所示。

图 2-36　尾水调压室结构示意图

表 2-3 世界水电站圆筒式尾水调压室排名

排名	1	2	3	4	5	6
工程名称	白鹤滩	乌东德（半圆形）	锦屏一级	糯扎渡	小湾	锦屏二级
数量（个）	8	6	2	3	2	4
直径（m）	43 ～ 48	40 ～ 53	41	36.3 ～ 38.3	32.3 ～ 38	32.5
高度（m）	91 ～ 107	89.1	82	92	90	139

2.4.6 尾水隧洞与尾水隧洞检修闸门室

白鹤滩水电站尾水隧洞采用两机一洞设计。左、右岸尾水隧洞分别结合 3 条和 2 条导流洞。洞身采用钢筋混凝土衬砌，顺水流方向依次为缓坡段、陡坡段、平坡段。尾水隧洞检修闸门室主要由水工建筑物、检修闸门及台车组成，当尾水隧洞需要检修时，通过台车落下检修闸门挡水，以满足检修条件。尾水隧洞检修闸门室，如图 2-37 所示。

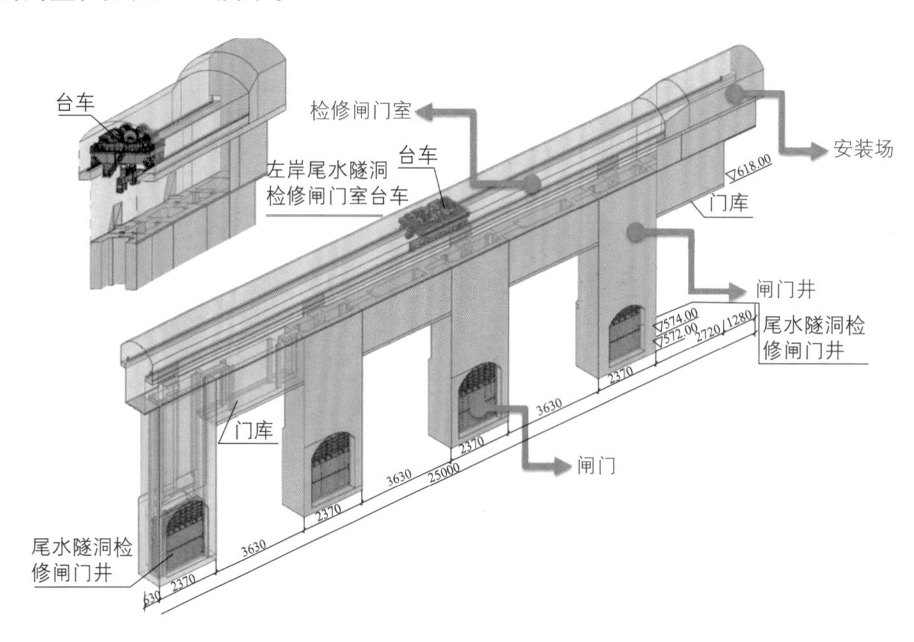

图 2-37 尾水隧洞检修闸门室

小结

白鹤滩水电站引水发电系统地下洞室群规模庞大、地质条件复杂，层间错动带发育、岩石硬脆易碎、地应力高，围岩稳定控制难度空前。面对诸多难题，广大水电科技工作者开展了大量的试验研究，通过理论创新、技术突破，多角度揭示了高地应力条件下立体交叉地下洞室群联动效应、洞室群围岩局部破裂机理和层间错动带不连续变形演化规律，保障了洞室群的围岩稳定和施工安全。地下洞室群布置纵横交错，为解决空间布置及施工问题，采用三维数字化技术，进行精准的地下厂房布置和设计优化，使地下洞室群布置合理、功能明确、施工便利。

本章小结

本章主要介绍了白鹤滩水电站的混凝土双曲拱坝、泄洪洞及引水发电系统等水工建筑物以及与其配套的闸坝金结设备。在异常复杂的地质条件下建造规模如此宏大的世界第二大水电站，面临的挑战是前所未有的。建设者们砥砺奋进、攻坚克难、不断创新，在白鹤滩水电站六项世界第一中有五项来自水工建筑物，可以说，建设白鹤滩水电站将世界坝工建造技术提升到了新的高度。

第3章 水轮发电机组——动力之源

白鹤滩水电站安装有世界首创的、全国产100万kW水轮发电机组，代表了中国水电的“珠穆朗玛峰”。从葛洲坝17万kW机组、二滩55万kW机组，到三峡70万kW机组、溪洛渡77万kW机组、向家坝80万kW机组、乌东德85万kW机组，再到白鹤滩100万kW机组，单机容量有了巨大的跨越，如图3-1所示。随着机组单机容量的提升，其技术难度也随之提升，因此百万千瓦水轮发电机组的技术复杂性和技术难度，远远超过世界上其他机组。为攻克百万千瓦机组的关键技术，我国进行了大量的自主创新，从机组总体设计开始，历经水力开发、高效冷却技术、高负载推力轴承技术、高压绝缘技术、高强度材料研究等多项重大科研攻关。通过自主创新大幅推动世界水电技术的发展。

白鹤滩机组从尾水管底板到机头罩整体高度超过50m，单台水轮发电机组质量超过8000t，这相当于法国埃菲尔铁塔的质量，如图3-2所示。

3.1 水轮机

水轮机是水轮发电机组“转动的心脏”，是机组的动力之源。白鹤滩水电站水轮机采用立轴混流式，包括尾水管、蜗壳、转轮、导水机构、主轴密封、水导轴承以及水轮机轴等几个主要部件。

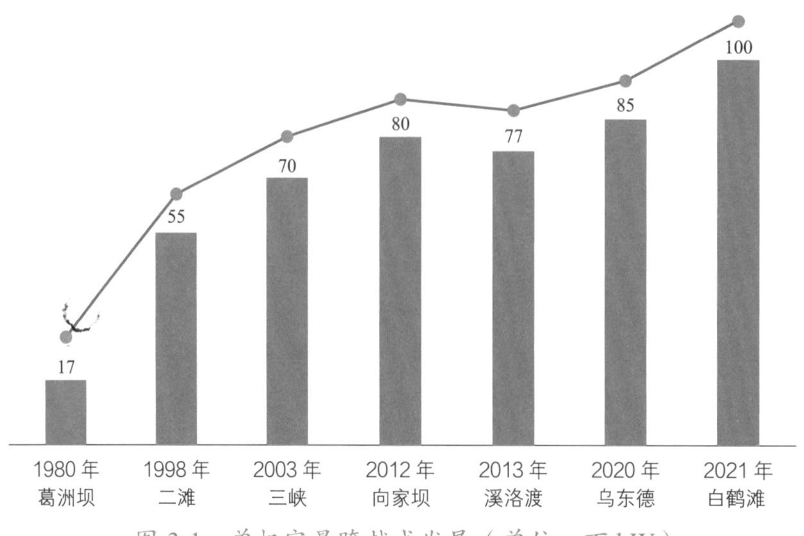

图 3-1　单机容量跨越式发展（单位：万 kW）

图 3-2　单台水轮发电机组质量

水流经过蜗壳和固定导叶后，均匀地进入活动导叶，通过调整活动导叶开度来调节进入转轮的水流量，转轮在水流的带动下进行旋转，进而把水能（动能、势能）转化成旋转的机械能，并通过水轮机轴将机械能传递给发电机，带动发电机转动，进而完成发电。转轮出口的水流则通过尾水管排至下游。

世界上额定出力最大的水轮机。每台水轮机额定出力高达 101.5 万 kW，位居世界第一，足以为 6 艘辽宁舰航母提供动力，如图 3-3 所示。单机最大过流量达 545.49m³/s，如图 3-4 所示，16 台机同时运行情况下，每秒钟的过流量相当于 4 个标准游泳池的蓄水量。

图 3-3　单台机组 PK 6 艘航母

图 3-4　机组过流量示意图

单机转速超过 100r/min。东电机组的额定转速为 111.1r/min，哈电机组的额定转速为 107.1r/min。单台机组每转一圈，可发出 150kW · h 电量，相当于一个三口之家一个月的用电量，每分钟可发出约 16666kW · h 的清洁电能，相当于减少了 2000kg 标准煤的燃烧，如图 3-5 所示。

图 3-5 机组每分钟发电量

3.1.1 转轮

转轮是水轮机的核心部件，称得上是水轮机的“心脏”，如图 3-6 所示。转轮为水轮发电机组提供源源不断的动力。

转轮由上冠、下环、叶片和泄水锥焊接组成。转轮上冠通过螺栓与水轮机轴连接，下部与泄水锥连接。在转轮的上、下两端，分别设置有上、下转动止漏环，以减小水轮机运行过程中的容积损失，提高水轮机效率。白鹤滩水电站转轮为我国全新自主研发的转轮，单机额定出力世界第一，且最优效率超过 96%。

哈电机组应用长短叶片转轮。哈电机组转轮采用长短叶片形式，15 个长叶片与 15 个短叶片周向交替布置，总重达 338.2t，最大外径为 8870mm，总高度为

图 3-6　转轮

3795mm，这也是该形式的转轮首次应用于百万机组，如图 3-7 所示。长短叶片形式转轮可改善转轮进口处的水流形态，减小了转轮进口水力损失，优化了转轮出口流态，提高转轮效率，可改善尾水管流态。相比于常规叶片转轮，长短叶片转轮可改善转轮内的流场分布，使得叶片压力分布更均匀。

东电机组转轮设计有长泄水锥。东电机组转轮总重 352t，转轮最大外径为 8620mm，总高度为 3920mm，采用 15 个“X”形叶片形式，设计有长泄水锥结构。在脱离最优工况区运行时，转轮出口可能出现真空涡带，导致机组异常振动，因此空气通过补气阀、补气管、长泄水锥直接补入涡带中心位置，可显著提高补气效果，避免因转轮出口的真空涡带造成机组的振动及水力损失，提升水轮机运行的稳定性。长泄水锥转轮如图 3-8 所示。

上止漏环采用阶梯式结构，下止漏环采用直缝式结构。转轮上、下止漏环均在转轮本体上加工而成，有效降低了止漏环在运行过程中的脱落风险，其与固定止漏环之间的间隙控制在 4.5mm 左右，减少水轮机的漏水量，降低了容积损失，提高了水轮机的效率。同时，适当的间隙又能避免最不利工况下固定、转动止漏环间的摩擦、碰撞。转轮止漏环结构如图 3-9 所示。

图 3-7　长短叶片转轮

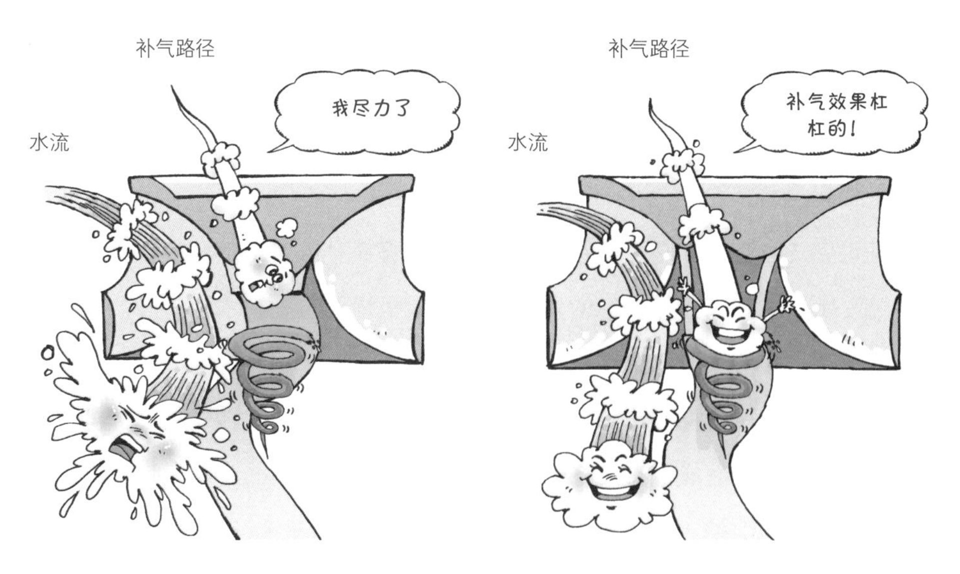

图 3-8　长泄水锥转轮

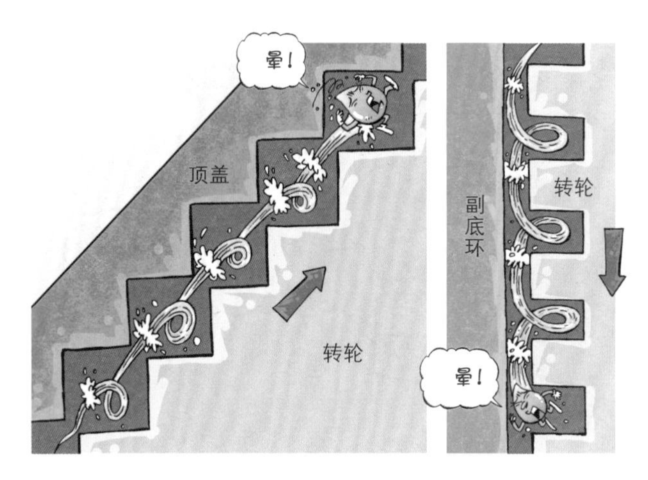

图 3-9 转轮止漏环结构

3.1.2 蜗壳

蜗壳是蜗壳式引水室的简称，它的外形很像蜗牛壳，故通常简称为蜗壳。蜗壳的作用有两个，一是将来自压力钢管的水流以较小的水力损失，均匀、轴对称地引入导水机构，使转轮四周所受的水流作用力均匀，提高工作稳定性；二是使水流产生一定的旋转量，以满足转轮的需要，提高水轮机效率，如图 3-10 所示。

首次将 800MPa 级低合金高强钢大批量应用于百万千瓦水轮机组。白鹤滩水电站蜗壳采用 800MPa 级高强度钢板，该类型钢板具有高强韧性、良好冷变形性及可焊接性，可承受 800MPa 压强，相当于 $1cm^2$ 面积的钢板可以承受 10 头成年大象的重量，如图 3-11 所示。白鹤滩机组蜗壳钢板最厚处达 83mm，接近于 3 本 64 开新华字典的厚度，如图 3-12 所示。

蜗壳采用弹性垫层埋设方式。东电机组蜗壳共分 34 节，哈电机组蜗壳共分 30 节，均采用弹性垫层埋设方式。弹性垫层材料为聚氨酯软木，根据安装位置的不同，厚度为 20 ～ 40mm。采用弹性垫层埋设方式，可以保证蜗壳在水

图 3-10　蜗壳

图 3-11　800MPa 高强钢蜗壳

图 3-12　蜗壳厚度

压的作用下有足够的变形空间，避免蜗壳外围混凝土出现结构性裂纹，如图 3-13 所示。

图 3-13　蜗壳采用弹性垫层埋设

3.1.3 导水机构

导水机构是控制进入机组水流方向和大小的装置，可以根据负荷需求调节水轮机过流量；形成和改变进入转轮的水流环量，以满足水轮机对进入转轮前水流环量的要求；在停机过程中，通过导水机构封住水流，使机组停止转动。

导水机构主要由底环、活动导叶、顶盖、连杆传动机构、控制环、接力器等部分构成，如图 3-14 所示。

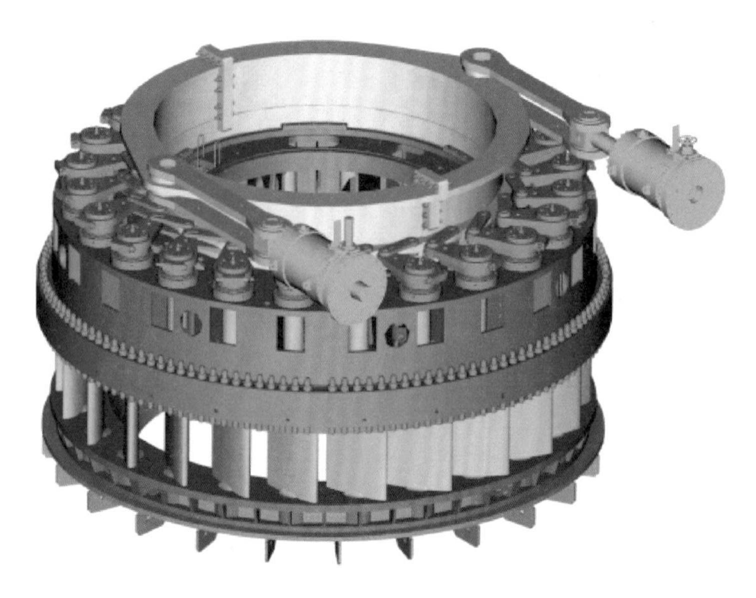

图 3-14 导水机构

活动导叶端面采用弹性补偿型密封结构。为增加活动导叶端面封水性能，底环和顶盖在活动导叶关闭位置端面接触处设有分段压板式的可压缩的铜条密封，由铜条和橡胶弹性块组成，铜条下面设有中硬橡胶弹性块，起到压缩作用并提供密封压紧力。在导叶关闭时，导叶接触组合密封起到止水作用，如图 3-15 所示。

活动导叶立面密封为接触型密封。白鹤滩水电站机组在导叶全关闭承受全静水压状况下可长时间停运，并保证导叶漏水最小。活动导叶立面密封采用相邻导叶间的机加工面紧密接触的形式，不单独设置立面密封。导叶立面的接触处进行

图 3-15 活动导叶端面密封

精加工，提高接触面的接触质量，同时采用接力器压紧的方式，使相邻导叶头部和尾部立面的整个接触线紧密啮合，如图 3-16 所示。

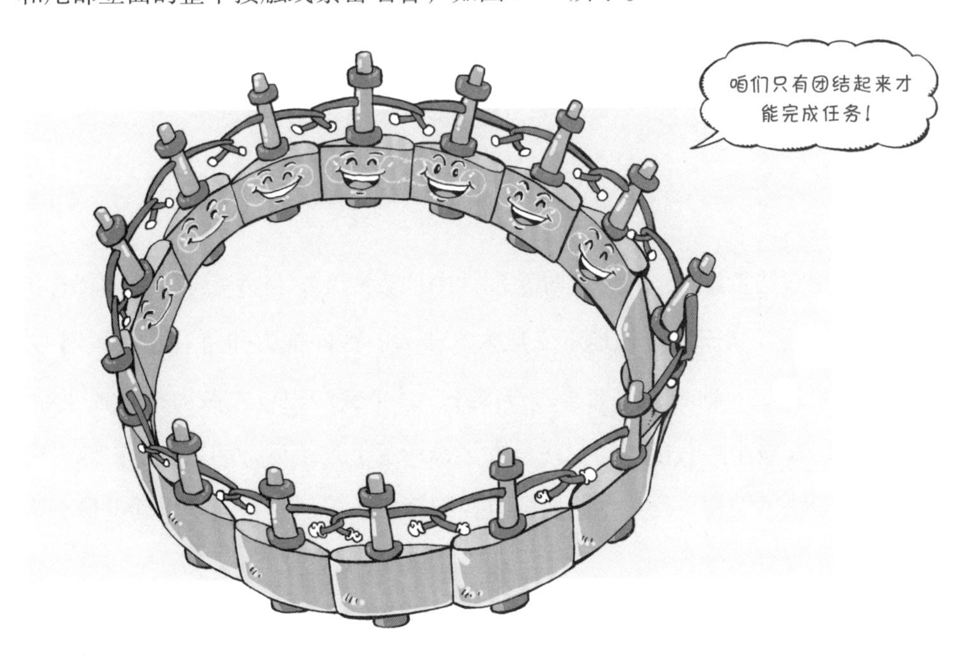

图 3-16 活动导叶立面密封

活动导叶轴颈处采用防轴肩绕流设计。白鹤滩机组最大运行水头 243.1m，属高水头机组，机组停机依靠活动导叶关闭止水。白鹤滩机组活动导叶采用防轴肩绕流设计，在常规密封结构基础上增加了轴颈密封，减少了导叶端面间隙处漏水。活动导叶轴颈密封如图 3-17 所示。

图 3-17　活动导叶轴颈密封

顶盖采用双法兰结构。顶盖是导水部件中的重要支撑和过流部件，需具有足够的强度和刚度，能安全可靠地承受最大水压力、径向推力和所有其他作用力，以支撑导水机构、导轴承、主轴密封等部件，且不会产生过大振动和有害变形，还能减少机组在整个运行范围内包括最大飞逸转速下连续运行的振动。白鹤滩机组顶盖采用双法兰结构，均采用优质的抗撕裂钢板，确保顶盖强度能满足最恶劣的运行条件，如图 3-18 所示。

顶盖平压管内衬堆焊不锈钢。为减小顶盖与转轮之间的水压力，在顶盖内设计有平压管，将压力水引流至尾水，以减少压力水对顶盖的冲击。顶盖平压管采用俯视顺时针方向倾斜布置，可减少压力水进入平压管路过程中对管路的冲击。白鹤滩机组顶盖平压管内壁堆焊有不锈钢层，转角圆滑，减少了平压管过流过程

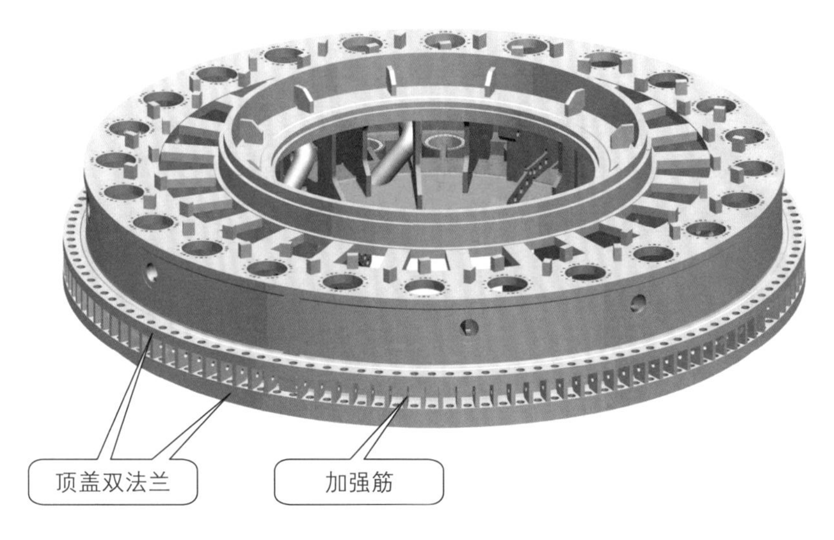

图 3-18　白鹤滩机组顶盖

中的空蚀，如图 3-19 所示。

图 3-19　顶盖平压管内衬堆焊不锈钢

3.1.4 主轴

主轴是水轮机与发电机的连接部件，起着传递水力扭矩的作用，是能量的传送器。机组运行过程中，主轴将转轮的旋转机械能传递至发电机后，由发电机将机械能转化为电能；在机组制动过程中，它传递由发电机产生的反向力矩以及风闸摩擦力矩。主轴如图 3-20 所示。

图 3-20　主轴

水轮机轴采用有轴领结构。白鹤滩水轮机轴设计有轴领结构，当水导轴承的透平油循环系统出现故障时，可以通过水导轴领的转动，带动油槽内的透平油流动，为水导轴承瓦提供有效润滑，降低烧瓦风险。采用带轴领结构的设计，虽然增加了制造难度，但对于机组运行的安全稳定性具有积极意义，如图 3-21 所示。

图 3-21　水轮机轴设计有水导轴领

3.1.5　水导轴承

水导轴承的主要作用是承受机组转动部分的径向机械不平衡力，维持水轮机轴在轴承间隙范围内稳定运行。水导轴承为稀油润滑、具有巴氏合金表面的分块瓦轴承，整体为滑动轴承形式。水导瓦以水轮机轴的轴领作为滑转子，利用透平油作为冷却、润滑介质，透平油采用外循环方式进行冷却，热油被引至油槽外的冷却器进行冷却，再回流至油槽，完成透平油的冷却循环。水导轴承如图 3-22 所示。

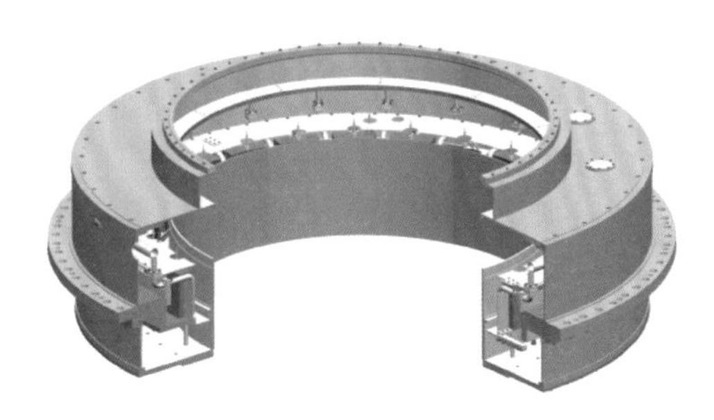

图 3-22　水导轴承

东电机组水导轴承采用外加泵循环。东电机组水导轴承采用外加泵的方式进行透平油的外循环冷却。通过两台外加螺杆泵，将水导油槽内的热油引至布设在水导轴承外的水导冷却器，热油与冷却水在冷却器内完成热交换后变成冷油，再回流至水导油槽。左岸水导轴承外循环如图 3-23 所示。

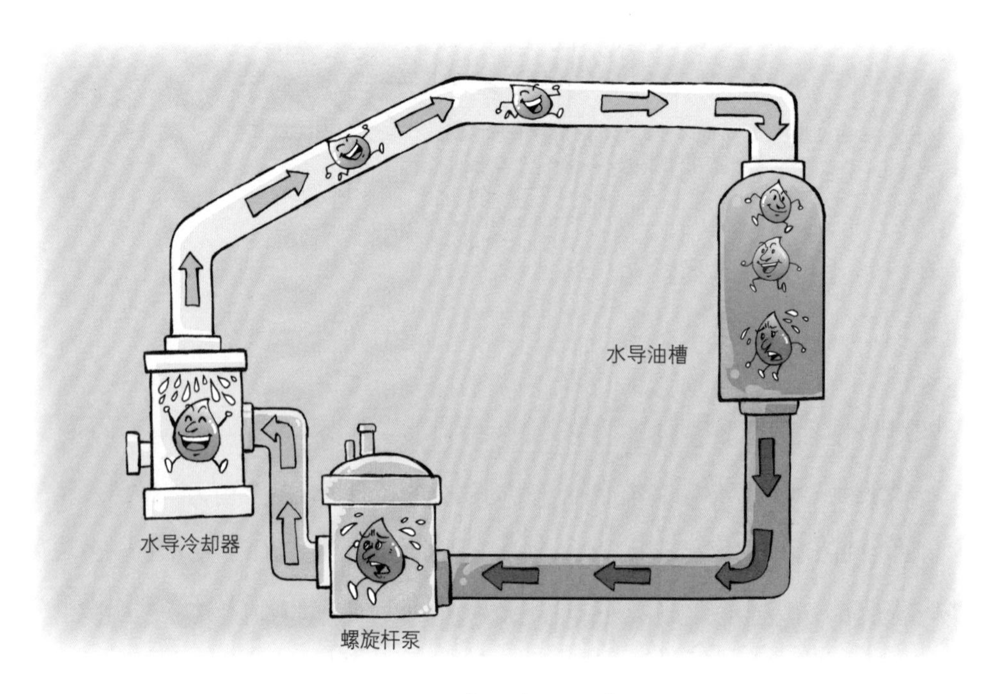

图 3-23　左岸水导轴承外循环

哈电机组水导轴承采用轴领泵外循环方式。哈电机组水导轴承采用轴领泵外循环的方式进行透平油外循环。无外加泵，利用轴领转动带动油槽内的油液，形成油压头，沿出油管路至水导冷却器完成热交换后，回流至水导油槽，形成水导轴承的油路外循环。右岸水导轴承循环如图 3-24 所示。

图 3-24 右岸水导轴承循环

3.1.6 主轴密封

在充水工况下，部分水流会通过水轮机轴与固定部件之间的间隙涌出，因此需要在水轮机轴上设置密封装置，以阻止水从转轮室经主轴与顶盖间隙上溢，这种密封装置通常称为主轴密封，如图 3-25 所示。主轴密封由工作密封和检修密封两部分组成：工作密封为静压自调节式轴向密封；检修密封为空气围带式密封，在机组停机或在有水情况下检修工作密封时投入使用，是一种静止膨胀式密封。

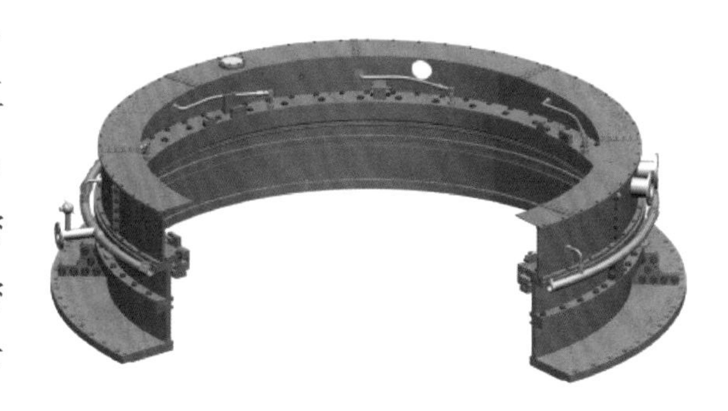

图 3-25 主轴密封

工作密封为静压自调节式轴向密封。工作密封工作时，工作水源通过供水支管，进入密封块与转动环之间形成的水膜，并分成两路流出，一路经密封块和转动环之间的间隙内沿向外流向集水井，另一路从间隙外沿向内流向尾水管。利用工作水源向下的压力大于江水向上的压力，将江水阻隔在浑水腔内，防止江水上涌；当工作密封块出现磨损时，由于弹簧的弹力和浮动环的重力作用，密封块会向下移动，起到密封自补偿作用，如图 3-26 所示。

图 3-26　工作密封为静压自调节式轴向密封

工作密封设有主、备两路水源。主轴密封两路工作水源，分别取自清洁水和机组技术供水，如图 3-27 所示。其中主用水源取自清洁水，由厂外水厂引入，经厂外蓄水池处理后，引至厂内；备用水源取自机组技术供水，并设有 2 台增压泵，以提高备用水源压力，满足工作密封对工作水源压力的需求。

图 3-27　主轴密封水源

3.1.7　尾水管

尾水管是水轮机最后一个过流部件，将转轮出口的水流引向下游。同时，利用下游水位与转轮间的吸出高度，提高转轮进出口水流压力差，增加了水流对叶片的反击作用，提高水力利用率。

白鹤滩机组尾水管由锥管段、肘管段以及扩散段组成。其中，锥管段及肘管段为金属结构，扩散段为混凝土结构，如图 3-28 所示。

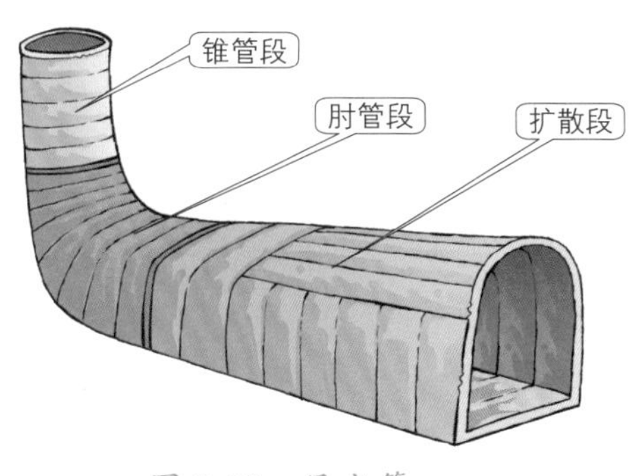

图 3-28　尾水管

尾水管为弯肘窄高型。水流由转轮流出后，进入尾水管的锥管段，在锥管段内由于过流面逐渐增加，水流流速会衰减。水流减速后随即进入肘管段，水流经过肘管段后，由垂直流向变成水平流向；由肘管段流出后进入到扩散段。尾水管是水流能量回收的主要部位，如图 3-29 所示。

图 3-29　弯肘形尾水管

小结

通过转轮长短叶片、长泄水锥等设计技术创新，全面提升了白鹤滩机组水轮机的稳定性指标和效率指标，为百万千瓦机组的本质安全提供了坚强的保障。

3.2 发电机

白鹤滩水电站机组的发电机部分主要部件包括定子、转子、轴承系统、机架、发电机辅助系统等，如图 3-30 所示。发电机总体结构为立轴半伞式结构，转子上方设有上导轴承，转子下方设有下导轴承和推力轴承，推力轴承和下导轴承布置在下机架上。

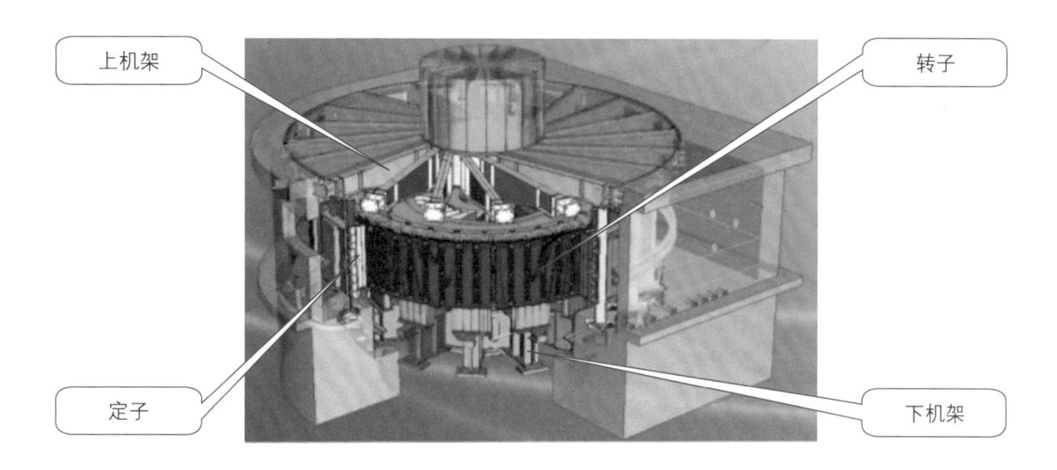

图 3-30　发电机整体图

根据电磁感应原理，当转子绕组中通入直流电时，绕组周围会形成磁场，机组运行过程中，转子在水轮机的带动下进行转动，进而形成旋转磁场。定子绕组切割旋转磁场，产生交变的感应电动势。当定子绕组输出回路接负荷时就会产生交变电流，这时发电机将水轮机旋转的机械能转换成为电能，再通过厂内的输变电设备与电网连接，进行电能输出，这就是水电站发电机组发电的工作原理，如图 3-31 所示。

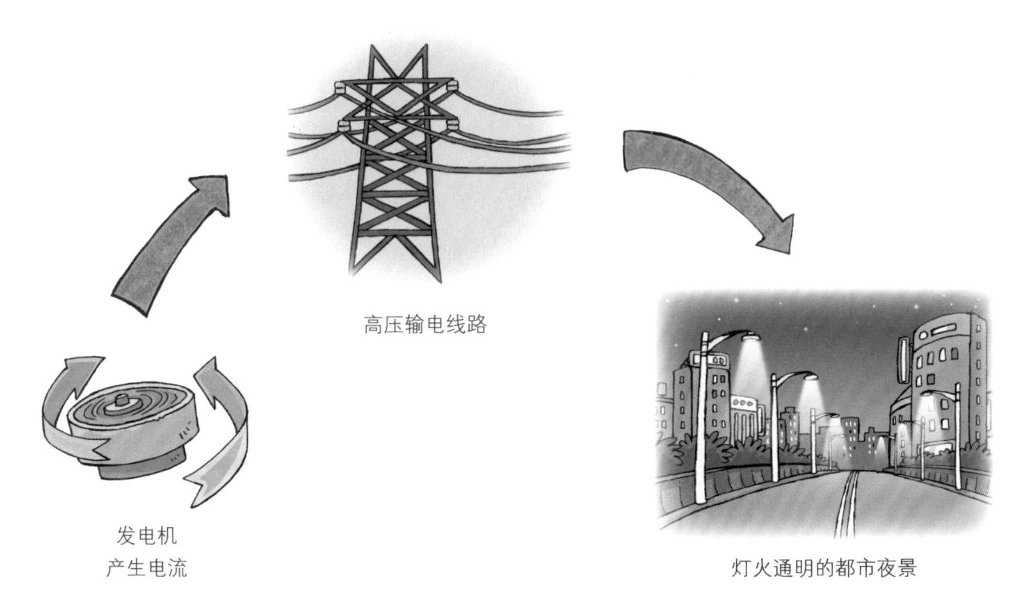

图 3-31 电能的产生

白鹤滩水电站发电机出口电压为 24kV，出口电流达到 26729A。白鹤滩水电站发电机单机额定功率达到 100 万 kW，在额定功率运行的情况下，可以同时点亮约 1000 万只 100W 灯泡，如图 3-32 和图 3-33 所示。

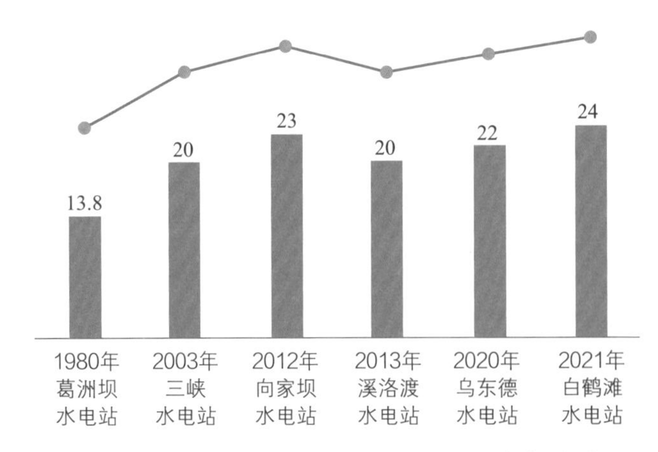

图 3-32 白鹤滩水电站发电机出口电压国内最高（单位：kV）

图 3-33　白鹤滩机组额定功率大

当机组的额定电压采用 22kV 时，最大工作电流高达 28000A，对配套电气设备选择造成较大难度，因而综合考虑配套电气设备的额定电流限制，选择 24kV 作为机端额定电压，是国内迄今为止机端电压等级最高的水轮发电机组。

3.2.1 转子

转子是水轮发电机的转动部件，由转子支架、磁轭、磁极等组成，如图 3-34 所示。在机组运行中，励磁系统将直流电流输送到转子绕组上，转子绕组周围产生磁场，当转子旋转时，在发电机的转子与定子之间的间隙会产生旋转磁场，切割定子线圈，在定子线圈间感应出电动势，输出电能。

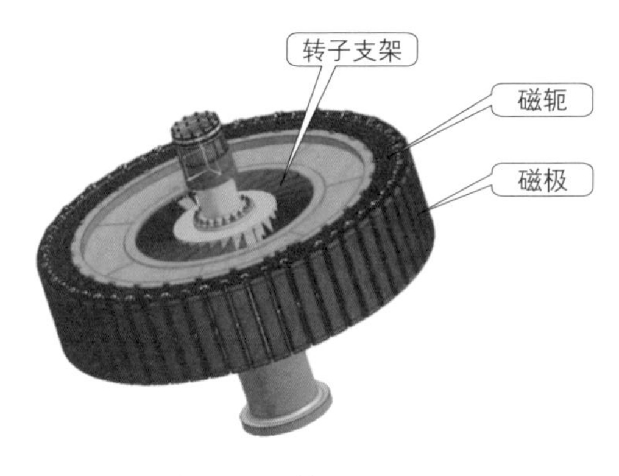

图 3-34 转子

发电机采用密闭自循环通风冷却系统。发电机的发热量随机组容量的增加而升高。为了将白鹤滩百万千瓦机组发电机温度控制在合理范围内，满足发电机高效率运行需求，优化了发电机通风结构设计，提高了冷却效率。转子支架转动产生风扇作用，带动冷却空气产生一定的风压，冷空气由转子支架上、下两端进风口进入转子支架，依次流经磁轭通风沟、磁极以及定转子间隙，经定子通风沟带走发电机产生的损耗变成热风，通过定子背部的空冷器进行热交换，将热风变成冷风，再分成两路，经定子线圈上、下端部重新进入转子支架，形成密闭自循环的通风冷却系统，如图 3-35 所示。

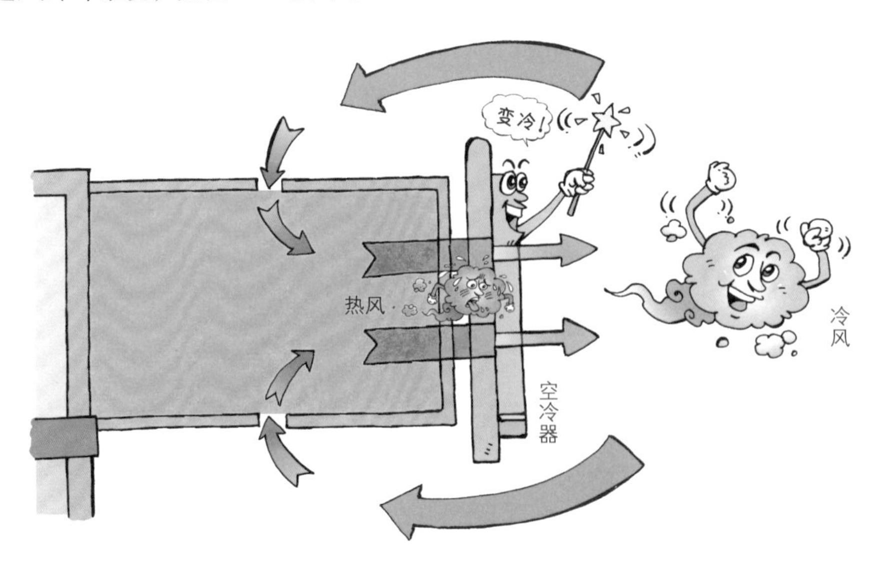

图 3-35 密闭自循环的通风冷却系统

东电机组磁极采用内外冷却散热方式。传统的水轮发电机组磁极采用纯外冷的散热方式，为满足低风量情况下的磁极散热要求，东电机组磁极采用内、外分区冷却的方式，磁极线圈外表面依靠铜排散热，即外部冷却区；在磁极铜排本体上加工一定数量的通风孔，形成磁极线圈的内部空冷，即内部冷却区，实现磁极内、外分区高效冷却。同时为了达到更好的冷却效果，在磁极间的根部设置导风板，将内、外冷却区的风路进行分割，实现分区流动，如图 3-36 所示。

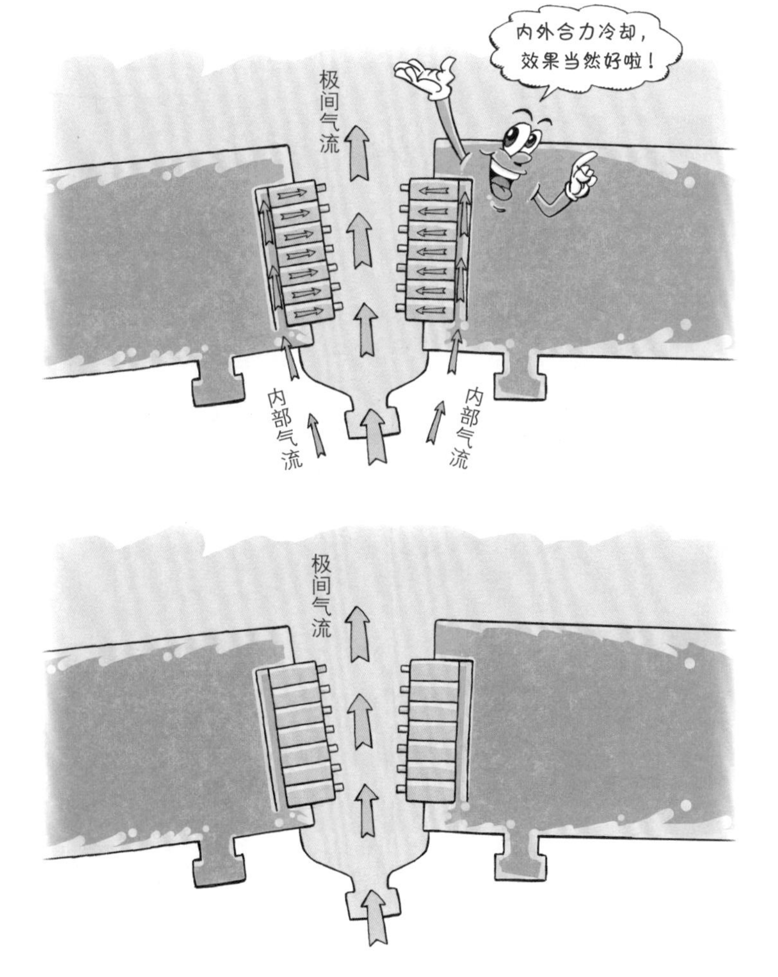

图 3-36　磁极冷却方式

3.2.2 定子

定子是发电机的重要组成部分，属固定部件，由定子机座、定子铁心、定子绕组等部分组成，如图 3-37 所示。定子机座是整个定子的基础，用以支撑固定定子铁心和定子绕组。定子铁心由扇形冲片、通风槽片、定位筋、上齿压板、下齿压板、拉紧螺杆及托板等零部件组成，是发电机的主要磁通路，定子绕组由多个线棒按规律排列而成，以一定的接线方式连接成回路，通过铜环引线汇流后输出电功率。

图 3-37　定子

定子线棒主绝缘采用 0.12mm 厚的绝缘材料。定子线棒绝缘需要通过 132kV 击穿试验，为了能够承受如此高等级电压的考核，白鹤滩水电站率先采用 0.12mm 厚的主绝缘材料。

与常规绝缘材料相比，白鹤滩水电站采用的主绝缘材料厚度减小了近 20%，但介电常数与绝缘性能更好。新材料的使用，使得白鹤滩水电站在定子线棒绝缘厚度与其他电站相比基本保持不变的情况下，能够耐受更高等级的耐压试验考核，如图 3-38 所示。

图 3-38　定子线棒主绝缘材料厚度薄

定子端部铁心叠片采用阶梯片结构。相邻两层定子铁心叠片接缝错开，采用分段压紧法，形成一个整体连续的铁心，在降低损耗的同时，降低机组运行过程中端部阶梯片受电磁力影响发生移位的风险。为防止铁心端部的振动，增强铁心整体刚度，在制造厂内将首末段阶梯片按一定的厚度黏结在一起，如图 3-39 所示。

定子铁心通过双鸽尾形定位筋固定于定子机座上。双鸽尾形定位筋的突出优点是允许径向自由位移，从而避免了因热膨胀以及事故状态下铁心受热不均，在机座或铁心里产生较大的内应力，进而保证铁心的圆度和同心度。双鸽尾形定位筋如图 3-40 所示。

定子铁心通风沟高度低。通风沟是发电机通风系统的主要过流通道。空气流经通风沟时，两边仅有较薄的一层空气可有效冷却铁心，其余部位冷却效果略

图 3-39　端部铁心叠片采用阶梯片结构

图 3-40　双鸽尾形定位筋

差。因此，若仅考虑通风散热，则通风沟数量越多，越有利于散热。东电机组定子通风沟高度为 4mm，可以有效增加通风通道数量和扩大散热面积，以达到促进冷却的效果，如图 3-41 所示。

图 3-41　不同通风沟的散热冷却对比

3.2.3　推导轴承

推力轴承与下导轴承合用一个油槽，统称推导轴承。推力轴承主要承受水轮发电机组转动部分的重量及水轮机轴向水推力在内的载荷，并限定转动部件在给定的轴向位置旋转，保证发电机组稳定、可靠运行。白鹤滩水电站东电机组推力轴承总负荷可达 4325t，哈电机组推力轴承总负荷可达 4600t。下导轴承主要承受转子机械不平衡力和由于定转子间气隙不均匀所引起的磁拉力，其主要作用是防止轴系产生过大的径向振动、摆动。推力轴承如图 3-42 所示。

图 3-42　推力轴承

东电机组推力轴承采用多点支撑弹簧束结构，哈电机组推力轴承采用小支柱结构。推力轴承受力的主要部分为一种形似瓦片的部件，称之为推力瓦。推力轴承一般为双层瓦结构，简单来说就是由推力瓦和托瓦组成，托瓦比推力瓦厚，所以推力瓦也称为薄瓦，托瓦也称为厚瓦。东电机组采用多点支撑弹簧束结构，就是在托瓦下方布置了多个弹簧束，机组运行过程中，弹簧束支撑可在轴向和径向倾斜推力瓦，使推力瓦受力均匀；哈电机组在推力瓦和托瓦之间采用小支柱结构，推力瓦支撑采用偏心结构，依靠这样的布局实现推力瓦进油边受力相对较小，利于形成油膜；而靠近出油边部位受力较大，为主要的承载区域，因此提高推力轴承性能。推力轴承结构如图 3-43 所示。

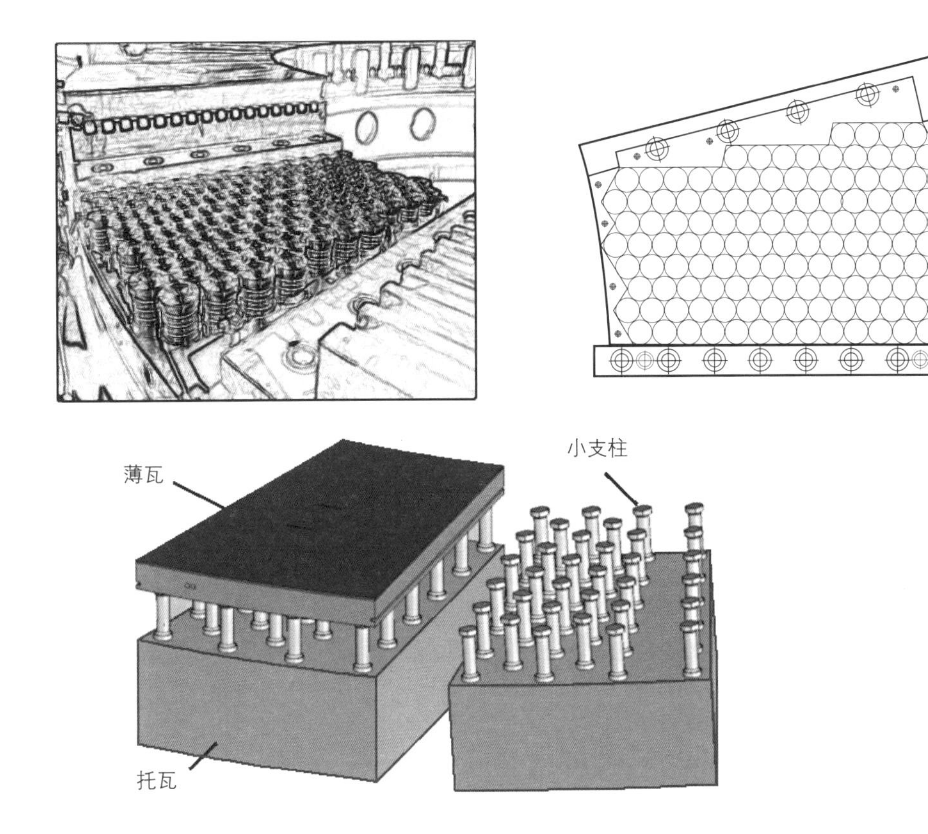

图 3-43　推力轴承结构

东电机组推导轴承采用半喷淋冷却形式。推力及下导轴承透平油采用外循环冷却，轴瓦采用半喷淋形式冷却，即推力瓦采用全浸泡冷却、下导瓦采用喷淋冷却的方式。油槽内的热油从油槽底部依次经过外循环油泵、油过滤器、油冷器，与冷却水完成热交换变成冷油后分成两路，一路经推力进油管直接进入内径侧的推力瓦间，另一路经下导进油管进入设在油槽静态油面以上的副油箱，通过副油箱给下导瓦供油，完成对瓦的冷却。左岸机组推导轴承半喷淋冷却形式如图 3-44 所示。

推导轴承采用半喷淋的冷却方式，可以降低机组运行时推导油槽中的油位，进而减少搅拌损失，并且减少油雾的产生。

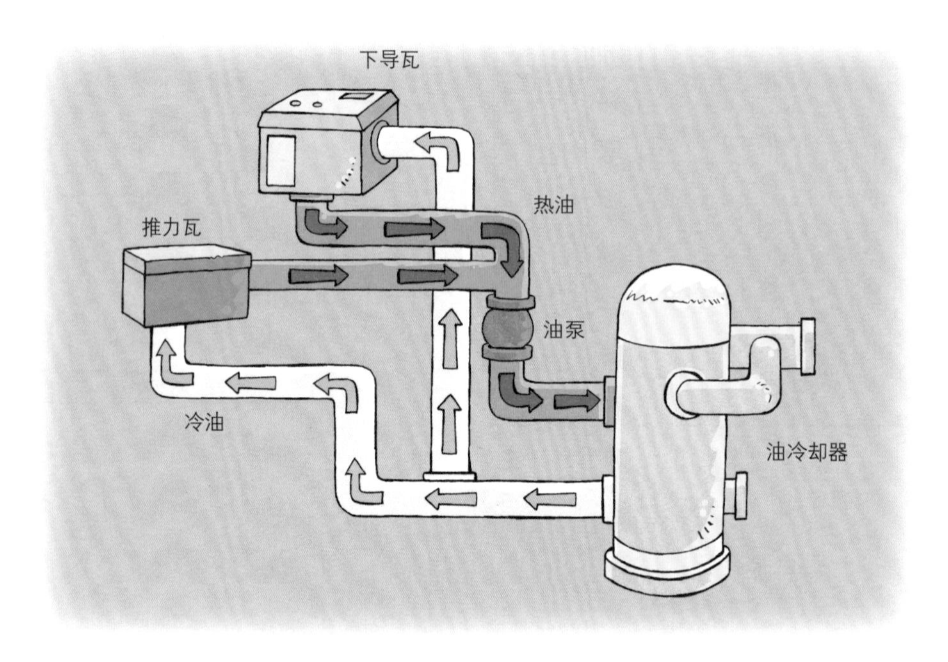

图 3-44 左岸机组推导轴承半喷淋冷却形式

3.2.4 上导轴承

上导轴承是机组三部轴承中的重要一部分，主要承受机械不平衡力和电磁不平衡力，维持机组主轴在轴承间隙范围内稳定运行。上导轴承采用滑动轴承形式，主要由内挡油桶、油箱体、轴瓦以及相应的附属设备构成。轴瓦瓦面采用巴氏合金材质、采用偏心结构瓦，在运行过程中更容易形成稳定的油膜，可提高轴瓦的运行安全性，较大限度地降低因油膜厚度不足引起的润滑不畅，甚至烧瓦的风险。上导瓦如图 3-45 所示。

3.2.5 机架

白鹤滩水电站机组为半伞式机组，其上机架为非承重机架，下机架为承重机架。

图 3-45 上导瓦

上机架采用斜支臂形式。上机架的主要作用是将上导轴承所承受的径向力传递至混凝土基础，在上导轴承承受不均匀径向力的工况下，保持较好的圆度，减少上导轴承所承受的径向力，维持上导轴承稳定运行，如图 3-46 所示。

图 3-46 上机架受力图

下机架采用辐射型机架。下机架由中心体和辐射支臂组成，下机架为承重机架，将推力轴承所承受的所有转动部件重量以及部分水推力传递至混凝土基础，其主要承受的是轴向力。因此采用直支臂结构的辐射型机架形式，如图 3-47 所示。

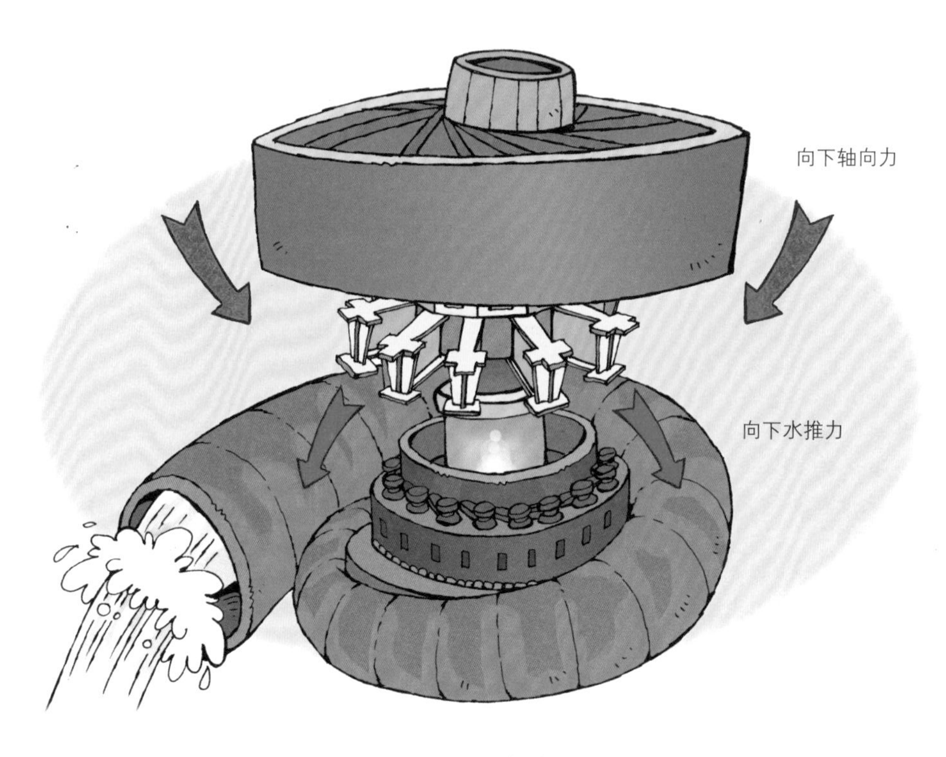

图 3-47　下机架受力图

小结

确保机组长期安全可靠运行，是百万千瓦机组最主要的技术难题。白鹤滩发电机改进设计，优化转子支架结构，有效控制内部热变形。在汲取三峡、向家坝、溪洛渡等其他巨型水电站经验的基础上，有效提升轴承性能和冷却效果，降低了轴承损耗，控制了油雾污染。通过以上举措，能保证白鹤滩水电站水轮发电机组长期处于安全稳定状态。

3.3 水轮机调速系统

3.3.1 水轮机调速系统概述

水轮机调速系统是由控制系统和被控制对象组成的闭环系统，一般包括电气控制系统和液压系统，如图 3-48 所示。其作用是控制导叶开度，进而控制进入转轮的流量，实现水的势能到电能转换的精确控制。此外，调速系统还能完成机组开机、停机、紧急停机等控制任务，并对电网频率的稳定发挥重要作用。

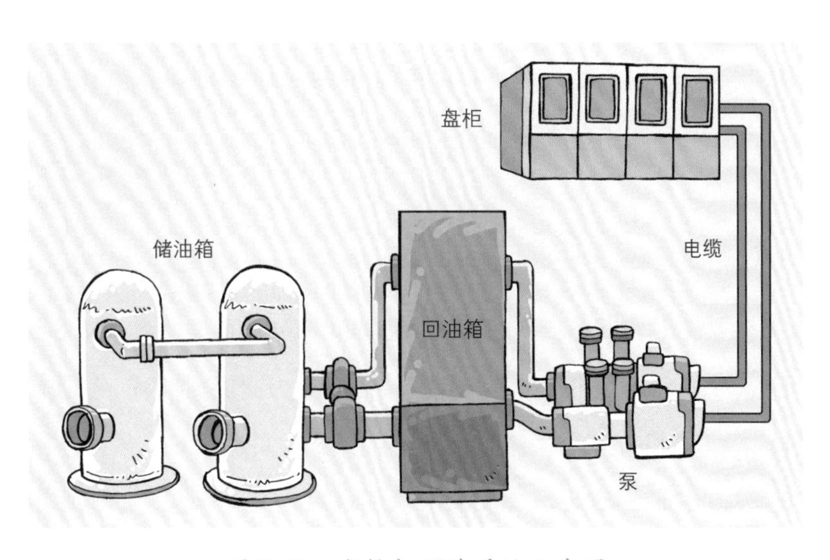

图 3-48　水轮机调速系统示意图

3.3.2 调速系统的工作状态

根据水轮机调速系统对水轮发电机组的调节与控制情况，调速系统分为停机态、空载、负载和调相等工作状态，状态之间转换的动态过程为开机、停机、甩负荷，如图 3-49 所示。

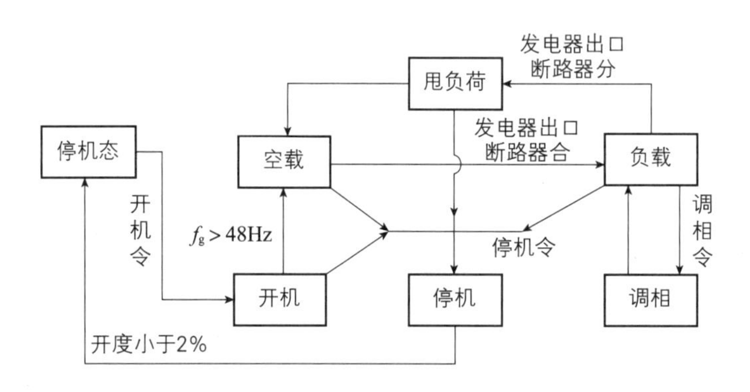

图 3-49 调速器工作状态及转换过程

调速系统各工作状态转换过程为：机组在停机态下收到开机令时，调速系统进入开机过程；当机组频率大于 48Hz 时，调速系统状态扭转为空载态，发电机出口断路器合后，状态扭转为负载态；负载态可通过甩负荷转换为空载态；在开机过程、空载态、负载态等状态时，机组可接受停机令进入停机过程，停机过程中开度小于 2% 时，调速系统状态扭转为停机态。

3.3.3 水轮机调速系统特点

控制系统采用双冗余微机调节器。白鹤滩水电站调速系统控制部分采用两套配置相同且完全独立的微机调节器，一套控制对象为比例阀，另一套控制对象为步进电机。两套微机调节器采用主、备运行方式，备用机自动跟踪主用机工作状态，当主用机有故障时自动无扰动切换到备用机上。双冗余微机调节器工作原理，如图 3-50 所示。

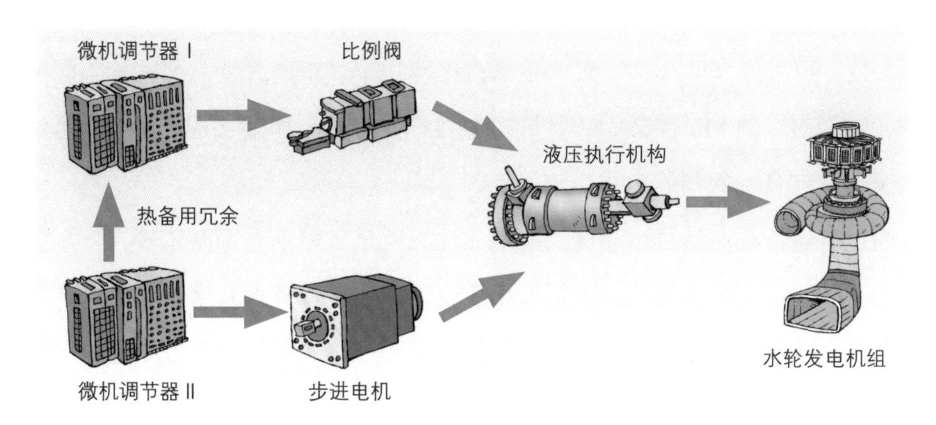

图 3-50　双冗余微机调节器工作原理

控制系统采用分段开机方式。调速系统收到开机令后：第一步，将导叶打开至 1.4 倍空载开度；第二步，当机组转速升至 90% 额定转速时，将导叶从 1.4 倍空载开度关闭至 1.25 倍空载开度；第三步，当机组转速升至 96% 额定转速，导叶微关，停留在空载开度。第四步，在空载位置保持 100% 额定转速，准备进行同步并网。分段开机规律曲线图，如图 3-51 所示。

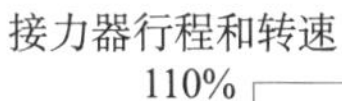

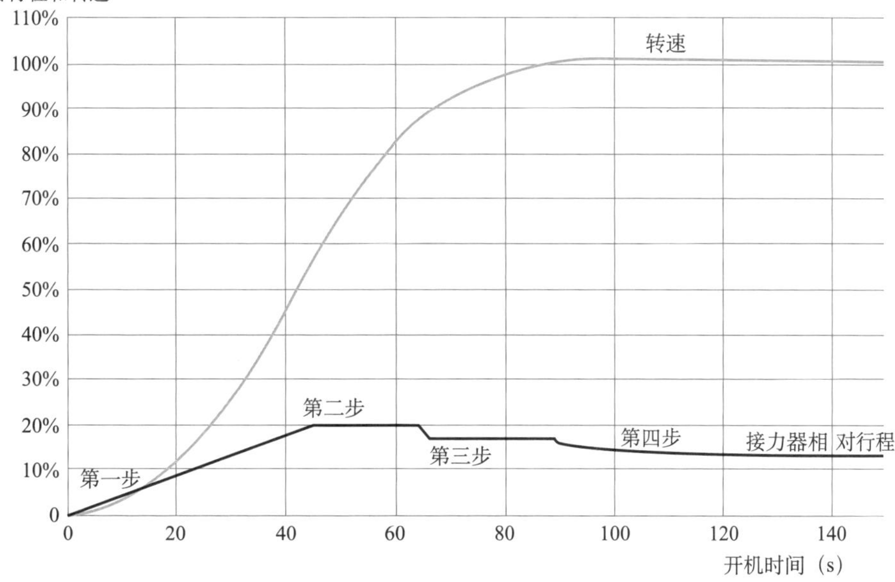

图 3-51　分段开机规律曲线图

控制系统具备适应式变参数调节功能。白鹤滩水电站调速系统预设10组PID参数，可根据大网开度、大网频率、小网功率、小网开度、孤网等不同控制模式，选择对应的PID参数，以保证机组在空载、负荷调整、系统调频和甩负荷等工况下具有良好的调节功能。

通过三选二提高信号可靠度。所谓三选二就是三路信号两两比较，正常信号之间相差较小，故障信号与正常信号相差较大，通过计算偏差来判断信号是否故障。白鹤滩水电站调速系统导叶开度与功率采用三选二数据冗余方式选取出最佳信号，相比只判断信号断线及跳变故障的传统方式，提高了数据的可靠性。

白鹤滩水电站水轮机调速系统在传承三峡、向家坝、溪洛渡等国内巨型水电站设计及运维经验的基础上，不断优化和创新。在安全性、稳定性和调节性方面又上了新的台阶，进一步推动了水轮机调速系统行业智能化与自动化的发展。

3.4 水轮发电机辅助设备

水轮发电机辅助设备不直接参加电能的生产，但与机组的安全稳定运行密切相关。白鹤滩水电站辅助设备主要包括油雾吸收装置、高压油减载装置、制动和顶起装置等。

油雾吸收装置主要是为了减少机组运行过程中油槽的油雾逸出。在机组运行时，油雾吸收装置在油槽盖密封腔形成负压，吸收油雾腔的带油雾气体，防止污染发电机运行环境。机组开机时，油雾吸收装置能够自动投入运行，而在机组停机时，油雾吸收装置则会延时退出运行。

高压油减载装置在机组开停机时投入运行，主要作用是在镜板与推力瓦之间建立可靠的润滑油膜，从而避免机组在低转速阶段时，避免镜板与推力瓦直接接触，造成推力轴承损坏。高压油减载装置由油泵、过滤器、阀组、自动化元件组成。

发电机组设有机械制动系统，能够在机组停机时加速制动，也能在机组发生蠕动时投入，使机组停止转动。该系统还可以作为液压千斤顶使用，顶转子使镜板和推力瓦脱离。

本章小结

白鹤滩水电站水轮发电机组是世界首批百万千瓦巨型混流式水轮发电机组，单机额定功率世界第一，运行水头高、变幅范围广，运行电压高，额定电流大。通过对白鹤滩水电站水轮发电机组各项部件进行单独及整体匹配优化研究，形成了具有全部自主知识产权的核心技术，是世界水电的巅峰之作。

第 4 章 电气一次设备——输电动脉

电气一次设备是直接用于生产、转换、输送、分配、消纳电能的电气设备，作为水电站中最为重要的设备之一，一方面，它是发电机与外部电网连接的主桥梁，将发电机发出的电能，源源不断地送入电网；另一方面，它将发电机发出的电能，输送、分配至电站内电气设备，满足电站内电气设备的用电需求。白鹤滩水电站电气一次设备主要由发、输、配、变电设备组成，主要包括发电机、封闭母线、主变压器、气体绝缘金属封闭开关设备（GIS）、气体绝缘金属封闭输电线路（GIL）和厂用电系统等，如图 4-1 所示。

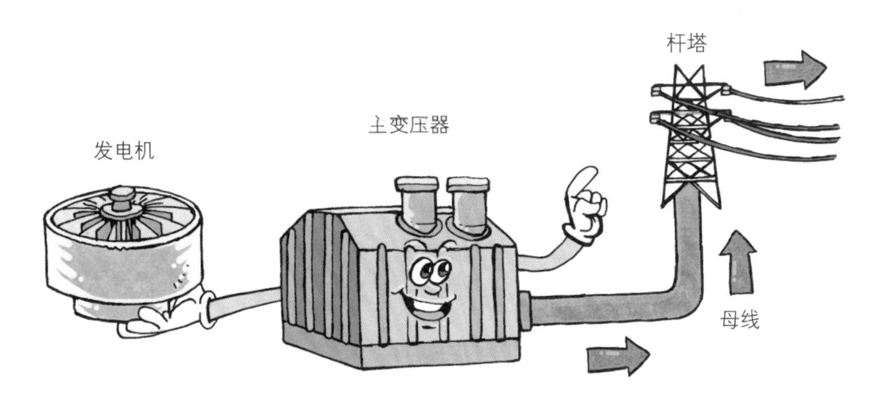

图 4-1　电气一次设备抽象图

4.1 封闭母线

白鹤滩水电站封闭母线作为发电机能量输出的主通道，安装于发电机出口与主变压器低压侧之间，始端与发电机主引出线连接，末端与主变压器低压侧连接，传输发电机发出的电能；在封闭母线不同部位，留有与断路器、电压互感器、避雷器、厂用高压变压器、励磁变压器、制动开关（GEBS）等电气设备连接的接口，这些电气设备在对发电机输出电能进行开断、测量、保护的同时，将电能分配到厂用电系统上，满足厂内电气设备的用电需求，从而确保主设备的正常运行，实现电能的自循环。封闭母线如图 4-2 所示。

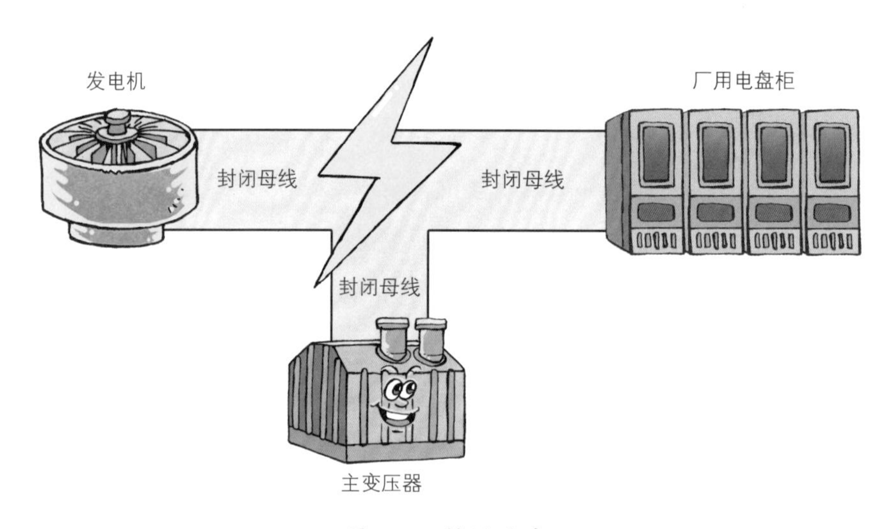

图 4-2　封闭母线

封闭母线采用全连式自冷离相封闭母线结构。三相封闭母线导体分别密封于各自的铝质外壳内，外壳电气连通，并在首末端用短路板将三相外壳短接，构成三相外壳回路。当导体流过电流时，外壳将导体产生的磁场封闭在密闭空间内，对导体电流磁场产生屏蔽作用，使壳外磁场大大减小；外壳起到母线导体屏蔽作用，大大减小了短路时的电动力及附近钢构件的涡流效应，同时避免灰尘潮气等影响，减少了维护工作量。封闭母线结构如图 4-3 所示。

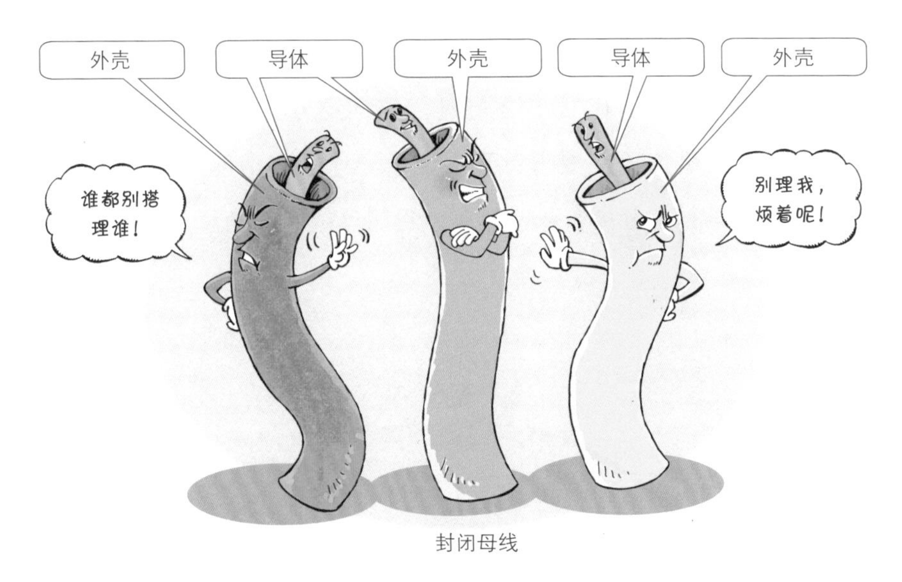

图 4-3　封闭母线结构

封闭母线设置有伸缩补偿装置。在封闭母线一定的长度范围内，设置有焊接的不可拆卸的伸缩补偿装置，如图 4-4 所示，其主要布置在对应的土建伸缩缝处，除补偿封闭母线因土建沉降产生的位移外，也可以补偿封闭母线运行时热胀冷缩位移变化，使封闭母线能更好地适应运行环境。

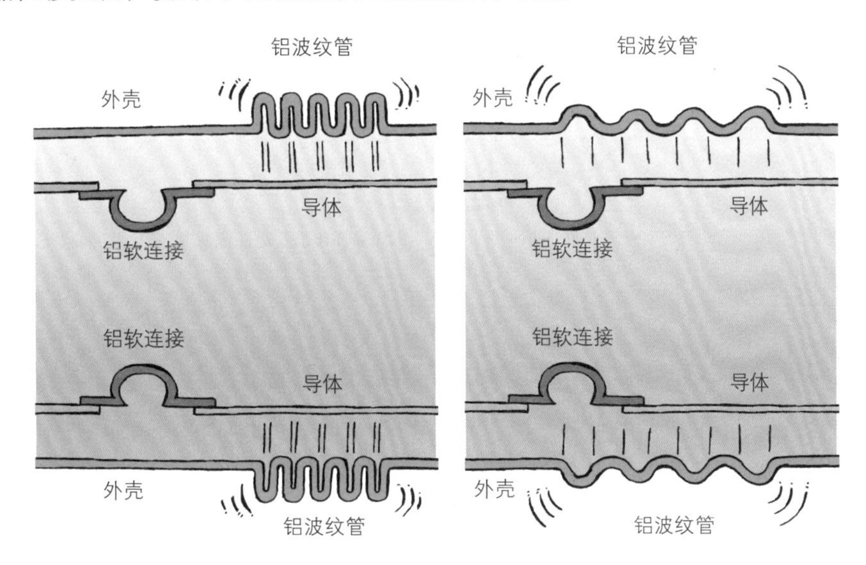

图 4-4　封闭母线伸缩节示意图

封闭母线导体主要采用 120° 夹角支撑方式。处于水平布置的导体采用三个绝缘子互为 120° 夹角支撑固定导体。该固定方式，既能满足电动力、机械应力和温度应力等方面的要求，又保证了导体的自由度能够达到最佳的状态，并能使绝缘子的受力状态合理分布。封闭母线固定角度示意图，如图 4-5 所示。

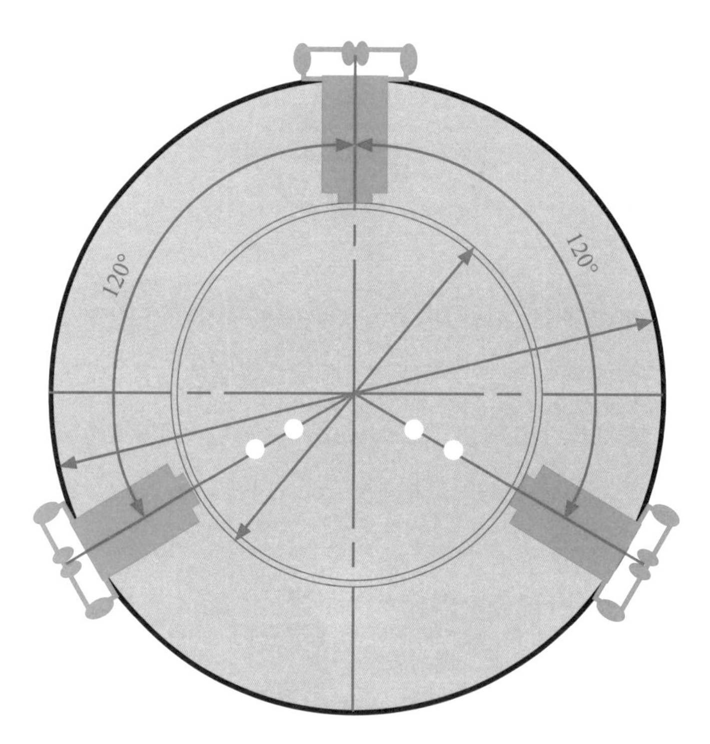

图 4-5　封闭母线固定角度示意图

封闭母线接口采用密封绝缘套管进行密封。密封绝缘套管采用具有绝缘强度高、耐腐蚀性、质轻而机械强度高、易塑造等特点的片状模塑料压制而成，其主要作用是将封闭母线的导体隔离在封闭的空间内以及支撑固定母线导体，保证封闭母线内处于微正压状态，提高设备运行的安全性能。密封绝缘套管类似于轮胎的气门芯，如图 4-6 所示。

图 4-6　封闭母线密封绝缘套管

封闭母线设置有智能防结露装置（BAC）。智能防结露装置可在封闭母线内压力低于设置的微正压最低压力时开始充气，在压力高于设置的微正压最高压力时停止充气，如图 4-7 所示。同时，在满足封闭母线内微正压的条件下，不断地进行循环除湿，逐步降低母线内的露点温度，实现封闭母线内的空气露点符合实时情况下工况的需求。

图 4-7　封闭母线智能防结露装置

封闭母线设置有带电离子筛。封闭母线在防结露装置三相气体联通管道相间两端分别设置有网状结构的带电离子筛，用于捕捉管道中的带电离子，防止封闭母线内的带电离子互相流窜而造成相间短路，提高封闭母线安全稳定运行的能力，如图 4-8 所示。

图 4-8　封闭母线带电离子筛

小结

封闭母线作为白鹤滩水电站发电机电能输出与厂内电气设备电能分配的桥梁，将发电机发出的电能源源不断地输出给外界。封闭母线在白鹤滩水电站电能的输送与分配中起着至关重要的作用。

4.2 主变压器

为减小电能在传输过程中因电流发热而引起的损耗，白鹤滩水电站在封闭母线传输的末端，设置有主变压器。主变压器低压侧接收封闭母线传递的交流电，在铁心中产生交变磁场。根据电磁感应原理，主变压器高压侧会产生感应电动势，将发电机出口低电压、大电流的交流电转换成了频率相同但电压等级变高电流变小的交流电。主变压器布置图，如图 4-9 所示。

图 4-9　主变压器布置图

主变压器采用单相结合式。白鹤滩水电站单台机组发出的功率达到 100 万 kW，如果采用三相一体式，需求的主变压器容量非常大，制造、运输存在相当大的困难。白鹤滩水电站将主变压器分为三个单相变压器，分开制造、运输、安装，在现场用封闭母线以 YNd11 联结方式组成三相变压器组，如图 4-10 所示。

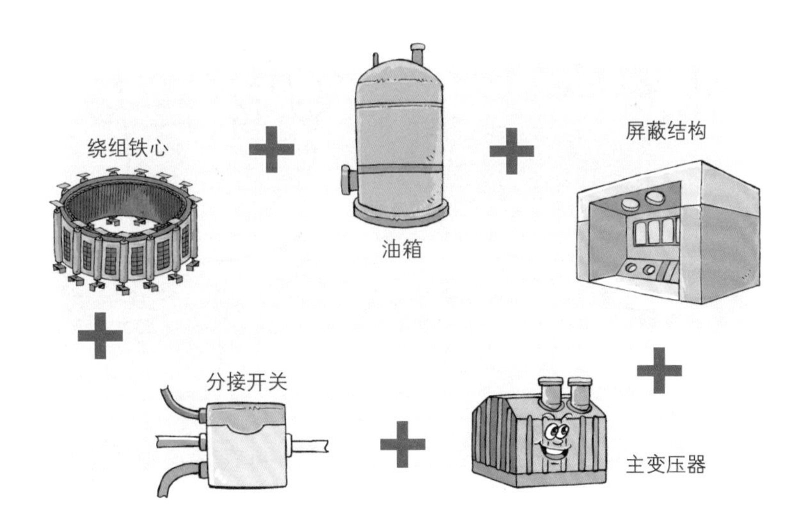

图 4-10　主变压器组装图

变压器铁心采用晶粒取向优质高导磁硅钢片多级全斜接缝整体叠装方式。多级全斜接缝叠装方式，可使磁通方向与硅钢片的轧制方向一致，接缝处的磁通沿铁心轧制方向通过，充分利用冷轧取向硅钢片的特性，使铁心的空载损耗降低至最小。

变压器绕组采用高低高结构。传统变压器绕组均为高低结构，即铁心外面是低压绕组，低压绕组外面是高压绕组。白鹤滩水电站若采用传统的高低结构，整体高度较高，运输存在相当大的困难，同时，对机械强度也有很高要求。为解决以上难题，白鹤滩水电站主变压器绕组采用了高低高结构，即高压绕组一分为二，从铁心由内向外依次为高压Ⅱ（内高压）、低压、高压Ⅰ（外高压）线圈。高低高结构能降低变压器高度，方便运输，增强机械强度，如图 4-11 所示。

图 4-11　主变压器绕组采用高低高结构

变压器高压侧采用无载分接开关。主变压器不可在带负载时进行挡位操作，只能在与电网断开的情况下，对主变压器高压侧挡位进行调整，改变高低压绕组匝数比，从而改变变压器高压侧的输出电压，使之与电网电压相匹配，如图 4-12 所示。

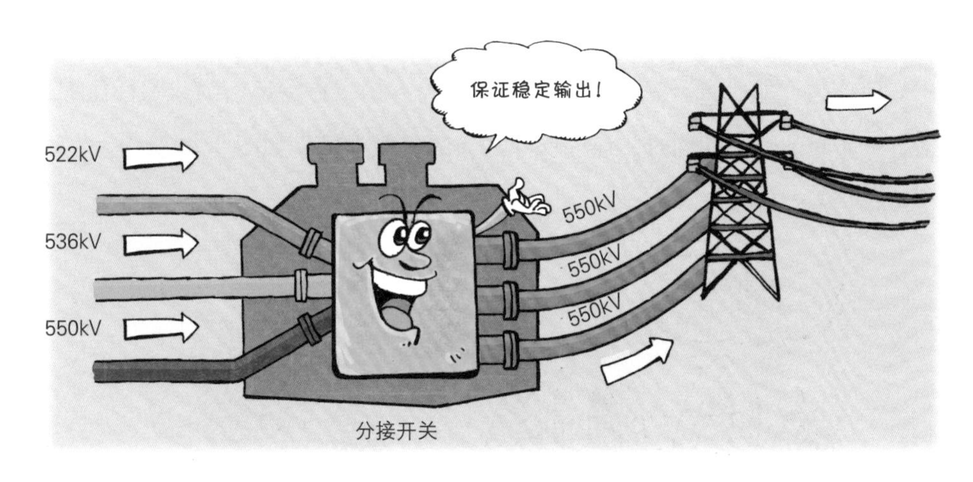

图 4-12　主变压器分接开关

变压器油箱顶部设置有胶囊式储油柜。变压器在运行时，油箱内的油会带走绕组的温度而使自身温度升高，油的体积会随着温度的升高而膨胀，胶囊式储油柜可为油箱内油提供热膨胀的空间。当变压器停止运行，油箱内的油体积又会缩小，胶囊式储油柜可为油箱及时补油，确保油箱内充满油，如图 4-13 所示。

图 4-13　主变压器胶囊式储油柜结构

变压器油箱采用钟罩式结构。主变压器油箱分为上、下两节，上、下节油箱采用螺栓连接，结合面开密封槽，箱沿加限位方钢，在保证密封垫弹性压缩量、使密封垫能有效密封的同时，还能保障油箱的机械强度，如图 4-14 所示。

图 4-14　主变压器油箱结构

变压器高压绕组采用“Z”字形油道。“Z”字形油道能增加油与绕组的接触面积，降低油流速度，保证绕组具有良好的冷却效果，有效降低变压器的温升，同时消除油流带电现象，避免局部放电与过热，消除大容量变压器长期运行时由于放电和过热造成的热击穿问题，如图 4-15 所示。

变压器内部设置有屏蔽。变压器运行时，高低压绕组通过交流电，交流电流在变压器内部会产生电磁辐射，对变压器油箱及相关部件造成影响。在油箱内壁两侧紧靠线圈位置安装有磁屏蔽，高压引出线部位安装有电屏蔽，低压引出线部位既安装有磁屏蔽又安装有电屏蔽，可有效降低变压器内部的杂散损耗，如图 4-16 所示。

图 4-15　主变压器绕组“Z”字形油道

图 4-16　主变压器内部屏蔽

小结

主变压器作为发电机并入电网的重要设备，一方面，将发电机发出的24kV电压转换为500kV电压等级，与电网电压相匹配；另一方面，在完成电压等级转换的同时，完成能量的传递。主变压器作为电压等级变换的设备，在白鹤滩水电站中发挥着不可替代的作用。

4.3 GIS

白鹤滩水电站主变压器高压侧设置有气体绝缘金属封闭开关设备（GIS），汇集和分配主变压器传递的电能。GIS将断路器、隔离开关、接地开关以及输电母线完全密闭在封闭空间内，外部看不见任何的开关设备、接线端子和母线，内部充注六氟化硫气体作为绝缘介质，是一种常用的六氟化硫气体高压输配电装置。GIS布置示意图如图4-17所示。

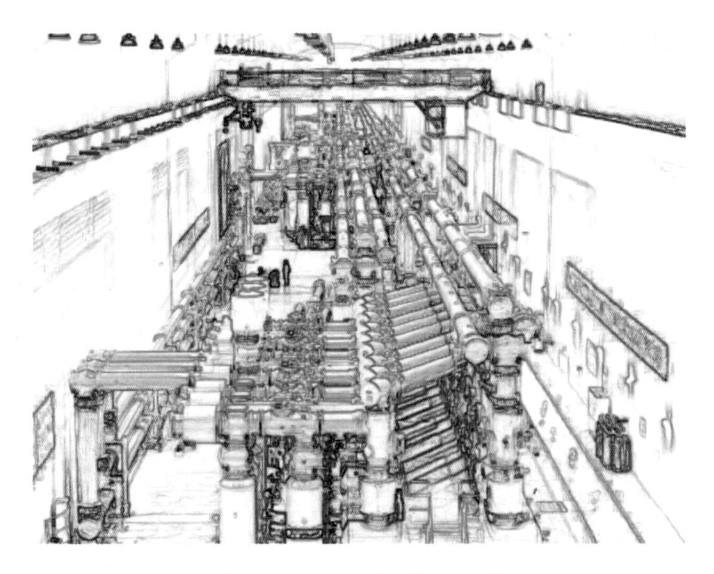

图4-17 GIS布置示意图

GIS采用积木式模块化设计。GIS在制造厂内按模块化进行成套设计、制造，在安装场内进行积木式拼装。积木式拼装方式，降低了现场安装技术及工艺难度，在提高现场安装效率的同时，也保障了安装质量，为后期安全稳定运行奠定了基础。GIS 设计示意图，如图 4-18 所示。

图 4-18　GIS 设计示意图

GIS 采用 4/3 断路器接线方式。白鹤滩水电站 GIS 采用单元进线共用出线方式，左右岸电站各有 8 回进线与 4 回出线，每台主变压器对应一条进线，每两台主变压器对应一条出线，每个接线单元为 4 组断路器、3 个进出线，即为 4/3 断路器接线方式。该种接线方式经济性优、灵活性强。如图 4-19 所示。

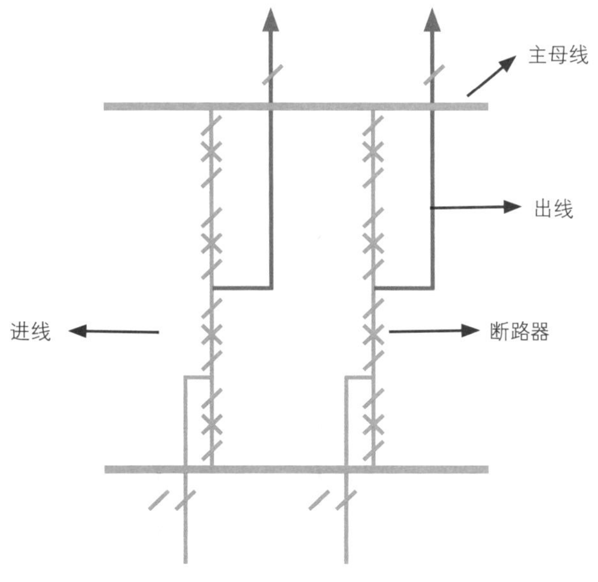

图 4-19　GIS 接线示意图

GIS 母线外壳采用高导电率的铝合金材质。白鹤滩水电站 GIS 母线采用铝合金材质的外壳，有良好的机械和热稳定性，能牢靠地固定设备及母线，为其提供密闭空间，将 GIS 母线产生的磁场封闭在壳体内，如图 4-20 所示，成为母线磁场的屏蔽防护装置，减轻 GIS 母线电流对周围设备及构筑物造成的影响。同时，铝合金材质外壳还能承受 GIS 接地故障下的全电流电弧和设备短路时的电动力，保障设备的稳定运行。

图 4-20　GIS 导体内部结构

GIS 导体采用插接式结构。插接式结构，即每个输电导体两端分别为公、母触头，在装配时，导体一端的公触头插入到相邻导体的母触头中，另一端的母触头与下一段导体的公触头相连接。采用插接式结构的导体，能保证接头良好接触，并具有一定的伸缩空间，能够适应运行时热胀冷缩位移的变化，如图 4-21 所示。

GIS 外壳的轴向和径向分别设置有伸缩节。GIS 安装时，由于设计和制造误差，以及基础沉降不均匀和移位，都会使 GIS 设备存在伸缩；并且 GIS 运行时，其外壳上会产生与母线等效反向的电流，外壳也会因大电流发热而产生热胀冷缩位移的变化。为了抵消外壳基础沉降不均匀、移位以及热胀冷缩而引起的位移变化，确保 GIS 能够安全稳定运行，白鹤滩水电站在 GIS 外壳的轴向和径向分别

图 4-21　GIS 导体连接结构

设置有伸缩节。伸缩节为波纹式弹性结构，通过在长度方向压缩和伸长，来补偿上述的各种位移变化，如图 4-22 所示。

图 4-22　GIS 伸缩节

GIS 气室设置防爆膜。GIS 的电压互感器、电流互感器、避雷器、断路器在非正常运行工况下会经受高电压、大电流，为防止上述设备因故障原因导致内部压力过高而造成损伤，白鹤滩水电站在 GIS 除管母外的各设备气室设置有防爆膜。防爆膜是安装在 GIS 设备上的金属薄膜片，当 GIS 内部压力过高，超过防爆膜的爆破压力值，防爆膜先被冲破，释放壳体内的压力，能有效保障主设备的安全，如图 4-23 所示。

图 4-23　GIS 防爆膜

小结

白鹤滩水电站 GIS 结构紧凑、占地面积小、可靠性高、配置灵活、安全性高、维护工作量小，它将发电机发出的电能全部汇集，再通过一定的接线方式重新分配传输。GIS 的应用大大提高了白鹤滩水电站电能输出的安全可靠性。

4.4 GIL

白鹤滩水电站在 GIS 出线侧，设置有气体绝缘金属封闭输电线路（GIL）。

GIL 是一种先进的电力传输设备，在国内外已有 40 多年的运行经验。GIL 作为电站输电线路的终端，接收 GIS 分配的电能，将其传输给电网，如图 4-24 所示。

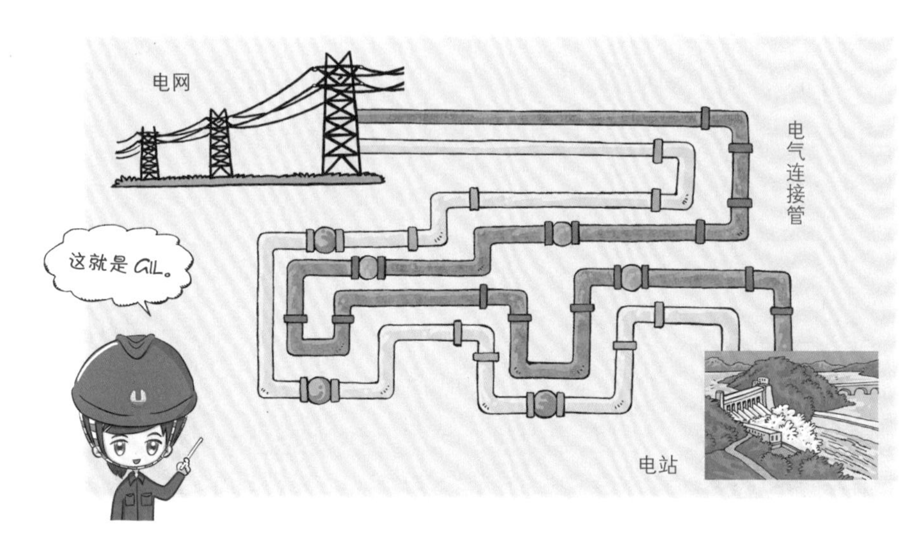

图 4-24　GIL 布置

白鹤滩水电站 GIL 末端与始端最大高度落差达到 540m。540m 厂内输电线路落差，比上海东方明珠塔高出约 100m，如图 4-25 所示。为降低 GIL 安装难度，

图 4-25　GIL 与东方明珠塔对比

同时确保后期的安全稳定运行，白鹤滩水电站 GIL 采用了分段结构，即将 540m 的高度分为两段，两段呈平行位置布置，中间用水平段连接。

GIL 导体采用 HM 弹簧压触式连接方式。HM 弹簧压触式连接方式，接触元件布置在导体插口的底部，插头滑入插口，实现导体之间的连接，此种连接方式为运行电流提供了低电阻低损耗的电气路径，使接触元件保持连续的可靠的接触，确保 GIL 长期可靠运行，如图 4-26 所示。

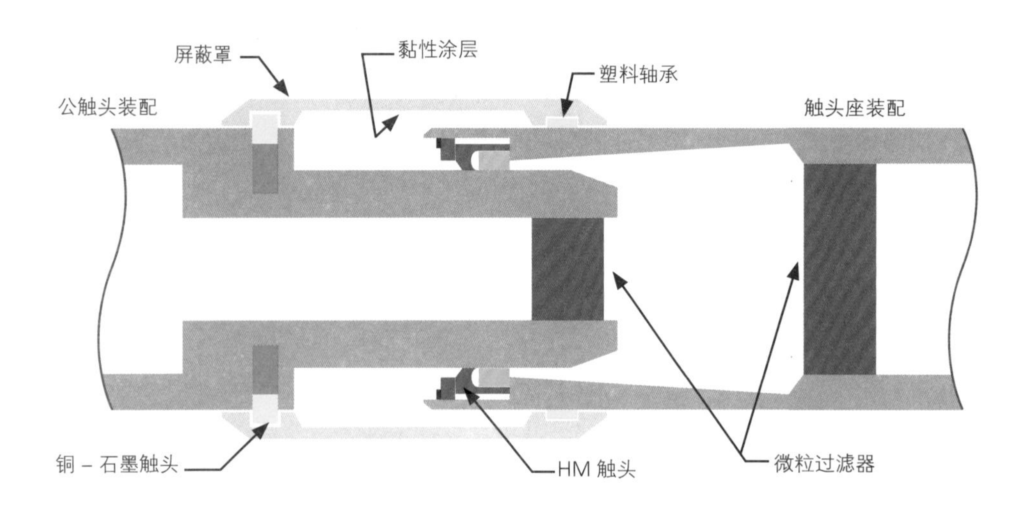

图 4-26　GIL 连接示意图

GIL 外壳采用螺栓法兰连接，法兰位置采用双层密封结构。GIL 外壳的连接有焊接和法兰连接两种方式，白鹤滩水电站采用法兰连接方式。法兰连接降低了 GIL 的安装难度，确保了安装质量，并且当 GIL 在后期运行出现故障时，能够快速地对管母进行更换。白鹤滩水电站在 GIL 外壳的法兰面上设有两层密封圈，内层密封圈用来维持管内气压，外层密封圈用作环境屏障，保护内层密封圈不被氧化，从而延长 GIL 的检修周期，如图 4-27 所示。

(a)　GIL 法兰连接

(b)　GIL 双层密封结构

图 4-27　GIL 法兰连接和双层密封结构

GIL 采用滚动式三支柱绝缘子支撑导体。GIL 设备运行时，导体流过大电流会产生热量，因其处于密闭空间内，它的温升比外壳温升要大很多，导体与外壳会因冷胀冷缩产生相对位移。白鹤滩水电站 GIL 采用了滚动式三支柱绝缘子支撑导体结构，绝缘子中部与导体连接固定，绝缘子端部安装有塑料滚轮和弹簧加载的接触组件，在确保与外壳等电位的同时，允许导体在外壳内部自由膨胀，可以有效吸收导体因温升产生的位移变化，如图 4-28 所示。

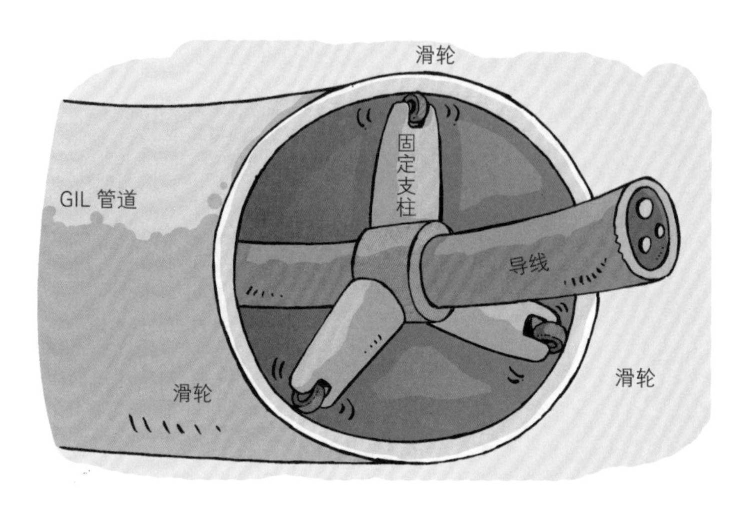

图 4-28　GIL 导体滚动式三支柱绝缘子

GIL 在管道内设有导电颗粒吸附器。GIL 运行时，管道内不可避免地存在微量粉尘及颗粒物，粉尘及颗粒物会缩短导体与外壳之间的绝缘距离，可能引发放电故障。为了提高 GIL 的运行可靠性，白鹤滩水电站每个绝缘子支架部位和管道母线的最低点，都设有导电颗粒吸附器，材质为铝质屏蔽栅板，与外壳紧密接触，形成一片低电势区。GIL 运行时，导电颗粒会因重力或电场力进入低电势区，在低电势区被牢牢吸附，不会飘逸而去，如图 4-29 所示。

图 4-29　GIL 导电颗粒吸附器

GIL 采用悬挂式结构，并在水平段部分设置铰链式波纹膨胀节。GIL 运行时，其外壳上会产生与导体等效反向的电流，外壳会因大电流发热而产生热胀冷缩位移变化。白鹤滩水电站 GIL 采用悬挂式结构，并在水平段部分设置铰链式波纹膨胀节，当 GIL 运行时，垂直段的外壳受热膨胀，在轴向方向伸长，带动水平段母线向下运动，靠近垂直段的铰链式波纹膨胀节产生一个向下的角度，远离垂直段的铰链型波纹膨胀节产生一个向上的角度。通过这种角度的改变，吸收与补偿 GIL 外壳在电流传导方向上产生的热胀冷缩位移变化，如图 4-30 所示。

图 4-30　GIL 外壳补偿

小结

白鹤滩水电站 GIL 具有电能损耗小、可靠性高、输电容量大、运行维护工作量小、使用寿命长、对环境无影响等优点。GIL 作为白鹤滩水电站与电网连接的桥梁，将发电机发出的电能源源不断地送入电网。

4.5 厂用电系统

厂用电系统是指由机组厂用高压变压器、厂用变电设备、供电设备以及用电设备组成的厂内供配电系统。

白鹤滩水电站厂用电系统从发电机出口厂用高压变压器取电，经 10kV、

0.4kV 两级配电系统给站内的通风空调系统、排水系统、照明系统、闸坝门机系统及机电设备提供正常动力电源。厂外 110kV 变电站是厂用电系统备用电源，柴油发电机是内、外部交流电源全失后的电站安全保护电源。

白鹤滩水电站厂用电 10kV 系统设有 6 个 10kV 供电点，10kV 供电点互相呈品字形连接，互为备用；电站 0.4kV 供电点有 70 余处，按系统分布，兼顾就近供电原则。厂用电示意图，如图 4-31 所示。

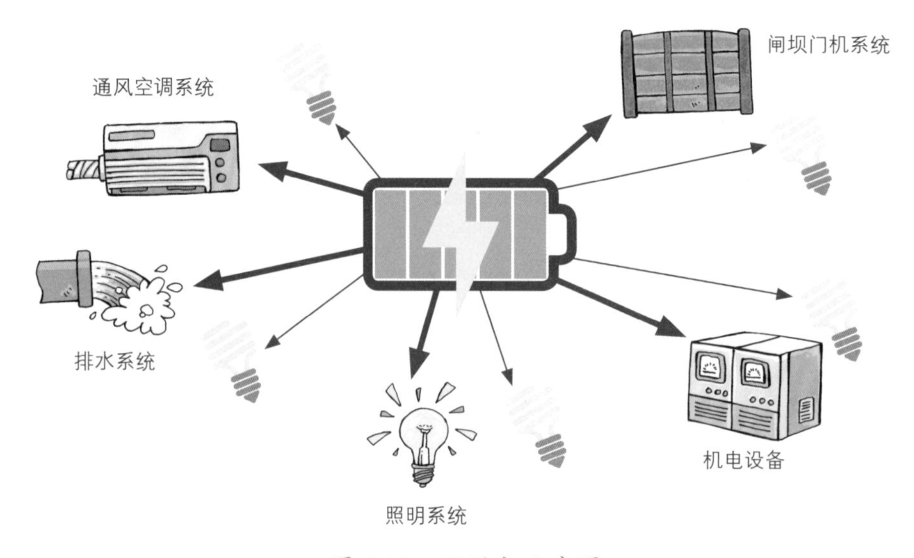

图 4-31　厂用电示意图

厂用电开关柜采用全封闭方式。白鹤滩水电站厂用电开关柜采用全封闭方式，将带电设备完全隔离在密闭空间内，并通过机械及电气闭锁组合实现了电气“五防”，增强厂用电气设备的安全性，有效降低了厂内中低压配电系统中人身触电伤亡事故的概率。白鹤滩水电站厂用电终端均配置有漏电保护器，漏电保护器作为人身触电的最后一道屏障，极大地降低了人身触电风险和终端漏电风险，如图 4-32 所示。

厂用电系统配置有大容量厂用高压变压器。厂用电系统稳定可靠运行是保障电站内发、变、输电设备正常运行的必要条件，白鹤滩水电站厂内设计有 12 组容量为 9450kVA 的厂用高压变压器，为厂用电系统提供充沛的电力，提高厂用电运行

图 4-32　厂用电安全保障

的可靠性，确保厂用电中压系统在各种运行方式下均可获得足够的电能供应。厂用电供电系统示意图如图 4-33 所示。

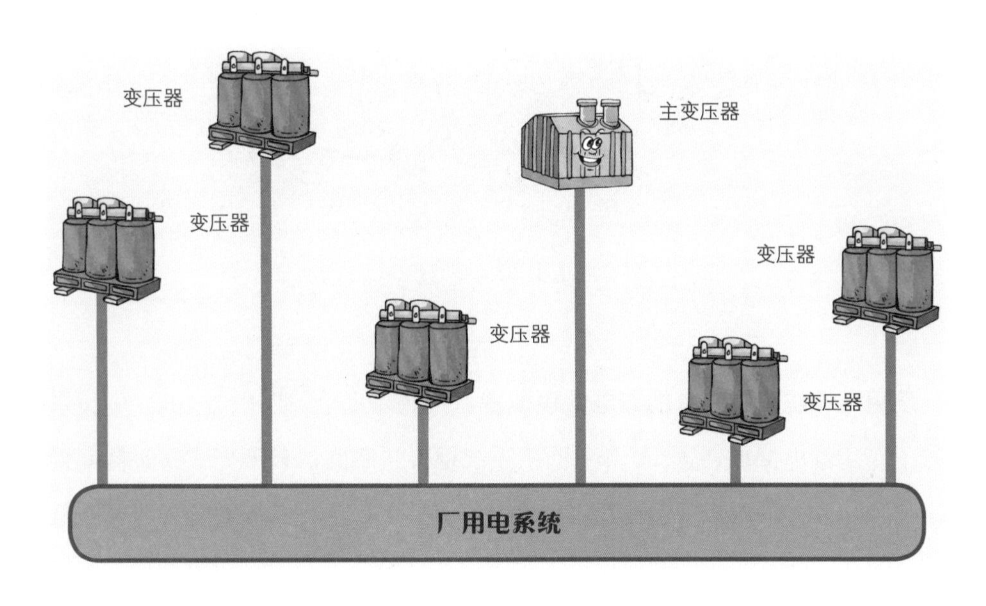

图 4-33　厂用电供电系统示意图

厂用电中压系统各母线间采用环网运行状态。环网运行状态下，任一母线均将左、右两侧母线作为备用电源。当中压母线主进线电源失电时，在备自投装置控制下，可按优先级依次识别和投入正常的后备电源。低压各配电系统均按双进线电源，双母线布置，两段母线在备自投装置的控制下可自动投切，互为备用。从负荷终端角度来看，通过中、低压两级备自投装置配合工作，任一终端负荷可自动投切的供电路线多达六条，提高了供电可靠性。厂用电中压系统环网运行图如图 4-34 所示。

图 4-34　厂用电中压系统环网运行图

厂用电系统配置完备的继电保护装置。白鹤滩水电站厂用电 10kV 中压系统配置了专用继电保护装置，0.4kV 低压系统框架式断路器和塑壳式断路器配置了电子式脱扣器，中压断路器—低压框架断路器—低压塑壳式断路器三级断路器保护配合使用，能够快速、准确地识别和定位故障设备，及时将故障切除，确保整个厂用电系统稳定运行。

小结

白鹤滩水电站厂用电系统，是厂内电气设备联系沟通的桥梁，它从发电机出口获得电能，通过厂用高压变压器、电缆以及开关柜，将电能传输到厂内电气设备上，满足厂内电气设备的用电需求，从而为主设备的正常运行提供可靠的必要条件。

本章小结

封闭母线、主变压器、GIS、GIL 以及厂用电系统作为白鹤滩水电站主要的一次设备，分布于电站内的各个角落。它们相互连接，通过电能的传输、转换与分配紧密联系为一个有机整体，为白鹤滩水电站电能的输出发挥着重要的作用。

第5章 电气二次设备——神经中枢

水电站电气二次设备是指对电站一次、机械等设备的工作进行监测、控制、调节、保护，为运行、维护人员提供运行工况或生产指挥信号所需的低压电气设备，如熔断器、控制开关、继电器、控制电缆、仪表、信号设备、自动装置等。由电气二次设备组成的系统称为电气二次系统，其功能是实现人与一次系统的联系、监视、控制，使一次设备和机械设备能安全经济地运行。白鹤滩水电站电气二次系统主要包括计算机监控系统、励磁系统、继电保护和安全自动装置、直流电源系统。

5.1 计算机监控系统

5.1.1 计算机监控系统概述

水电站计算机监控系统，对水电站发电生产过程进行测量、监视和控制，自动采集水轮发电机组、机组辅助设备、主变压器和开关站等的电压、温度、压力、液位和流量等数据，并进行显示、分析和储存；完成各类生产流程，包括开停机、分合开关等顺序控制，机组有功功率和无功功率调节，自动发电控制和自动电压控制；同时还具有人机交互、故障报警、防误操作、事故处理，以及历史数据库管理等功能。

5.1.2 白鹤滩水电站计算机监控系统网络结构

根据水电机组单元分布的特点，监控系统一般采用分层分布式总体结构。为保证厂站层大量实时与历史数据的传输和共享，巨型水电站计算机监控系统多采用多层多网、设备多重冗余、多线程并行处理等应用模式。

白鹤滩水电站监控系统采用三网四层的全冗余分层分布开放系统总体结构，采用统一调度管理和“无人值班”的设计理念，软、硬件配置上满足数据传输实时性，实现调控一体化。其中，监控系统在设备层次上分为现地控制单元层、厂站控制层、厂站数据层和信息发布层 4 层，厂站控制层、厂站数据层和信息发布层统称为厂站层；网络上分为控制网、厂站数据网和信息发布网。

现地控制单元（LCU）包括 16 套机组 LCU、10 套开关站 LCU、2 套厂用电 LCU、2 套厂内公用 LCU、1 套大坝 LCU、1 套控制楼 LCU、1 套模拟屏驱动器 LCU，监控系统监视对象包括 16 台水轮发电机组及其辅助设备、16 台主变压器、左 / 右岸 500kV 开关站、左 / 右岸 10kV 及 400V 厂用电系统、6 个表孔闸门启闭机系统、7 个深孔闸门启闭机系统、3 个泄洪洞闸门启闭机系统等。监控系统总体结构 如图 5-1 所示。

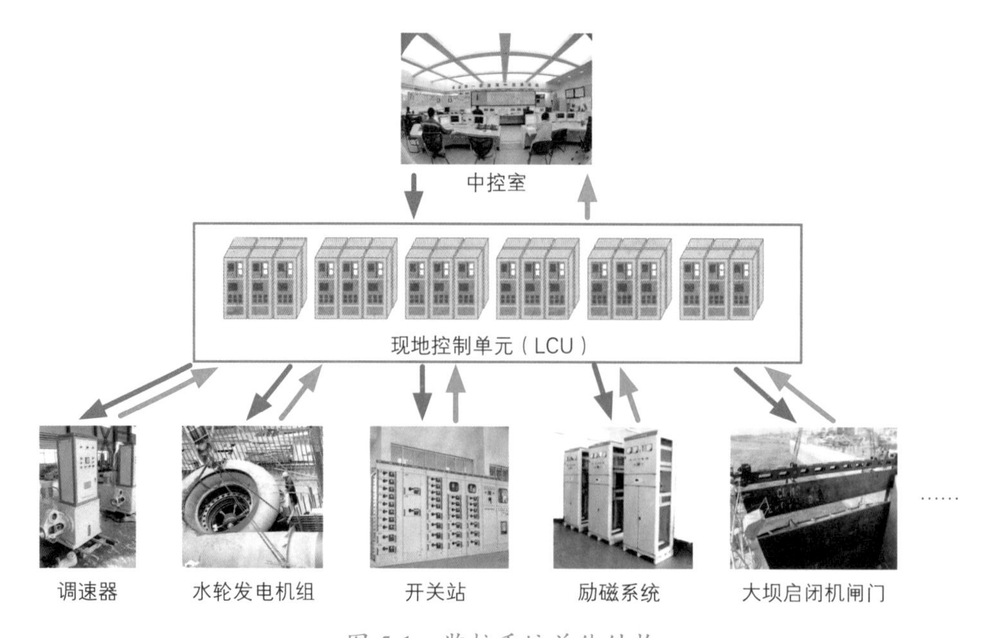

图 5-1 监控系统总体结构

5.1.3　监控系统工作原理

监控系统将设备运行的信号经过现地控制单元，通过光纤传输到上位机系统；通过操作员站，可以实现对全厂设备的启停控制。例如在操作员站下达机组开停机的命令后，通过光纤传输，到达现地控制单元中的可编程逻辑控制器（PLC），然后再到达机组相应的控制系统，从而实现对机组的启停控制。

可以说，监控系统就是整座电站的神经中枢，像神经末梢一样的信号节点遍布每一个角落，在人们看不见的地方一刻也不停歇地履行着监视、控制大国重器的职责。

5.1.4　白鹤滩水电站计算机监控系统的特点

（1）监控系统采用对象化设计。系统采用面向对象化的数据模型设计，在生产控制自动化领域以自然直观的方式，建立一种贴合生产运行需要、基于对象化的数据组织模型，并采用高效的、适合于对象化存储的数据库，为智能控制、智能报警和智能诊断等高级应用提供了有力的平台支撑，如图 5-2 所示。

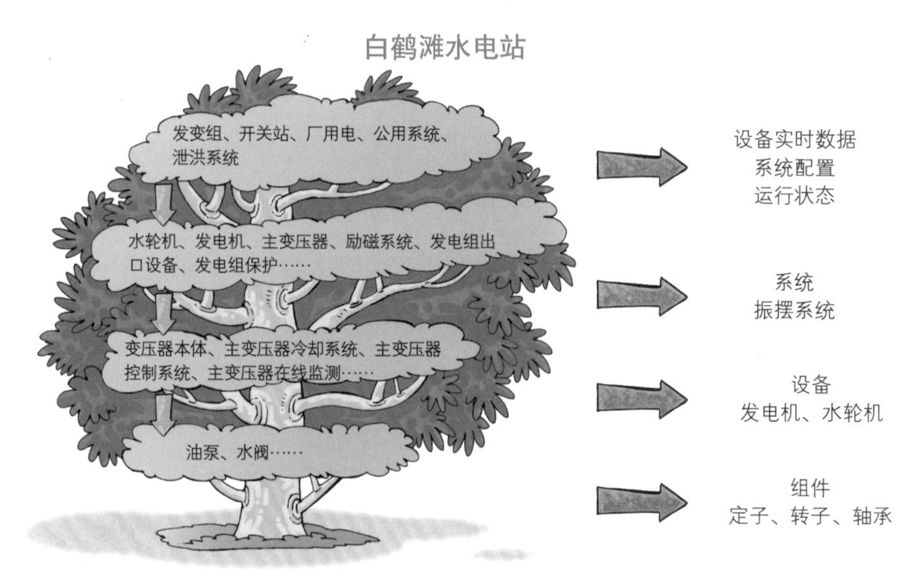

图 5-2　对象化设计示意图

（2）监控系统具有智能报警功能。运用报警流程、条件报警、延迟报警、分层级报警等手段，进行智能分析与推理，有效解决了无效、低效报警频繁动作刷屏的问题。智能报警功能使用前后对比图。对象化设计示意图，如图 5-3 所示。

图 5-3　智能报警功能使用前后对比图

（3）监控系统与生产管理系统智能联动。当设备发生异常产生报警事件时，无需人工繁琐操作便会自动生成缺陷工单，电站员工在计算机屏幕前第一时间即可接收到工单，采取相应的措施，大幅提高事故报警与缺陷消除的速度。

（4）监控系统具有在线智能巡检功能。白鹤滩水电站计算机监控系统应用在线智能巡检功能，能按照设定的时间点或频次，自动生成巡检报告并发送到指定企业邮箱，极大地提高了巡检效率，避免巡检遗漏，降低了人力成本，如图 5-4 所示。

（5）监控系统具有智能报表功能。在监控系统报表服务器上安装 iReport 报表系统软件，按照每个具体报表的生成周期要求，自动生成报表，数据展示更全

图 5-4　定期自动发送在线智能巡检报告

面、更具体、更丰富，极大地减少了运维人员设备分析工作量，提高了工作效率。智能报表示例展示，如图 5-5 所示。

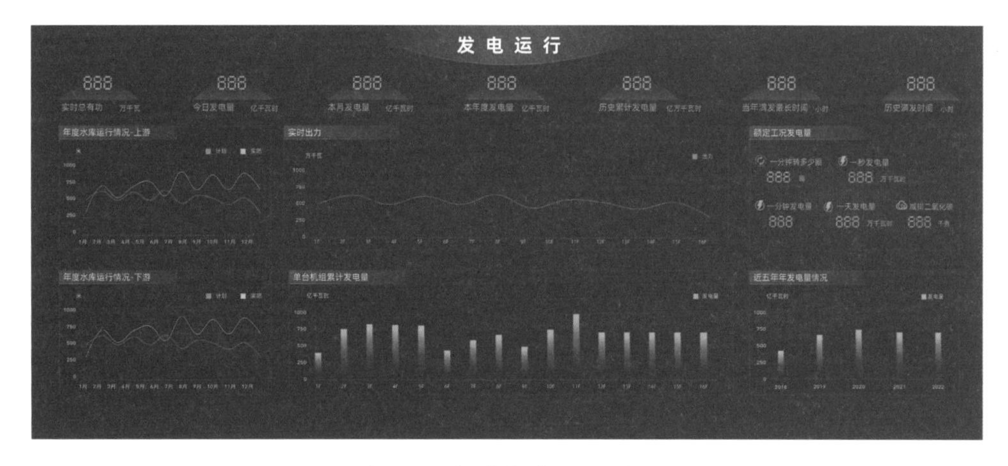

图 5-5　智能报表示例展示

（6）白鹤滩水电站卫星时钟同步系统主要采用北斗卫星对时。卫星时钟系统除满足计算机监控系统的对时需求外，还用于实现电站内所有其他自动装置的卫星时钟同步。它采用两台主时钟构成主用和备用模式，每台主时钟能同时接收北斗卫星和 GPS 的对时信号，两台设备之间通过热备光纤进行冗余，均为北斗卫星主用、GPS 备用，如图 5-6 所示。

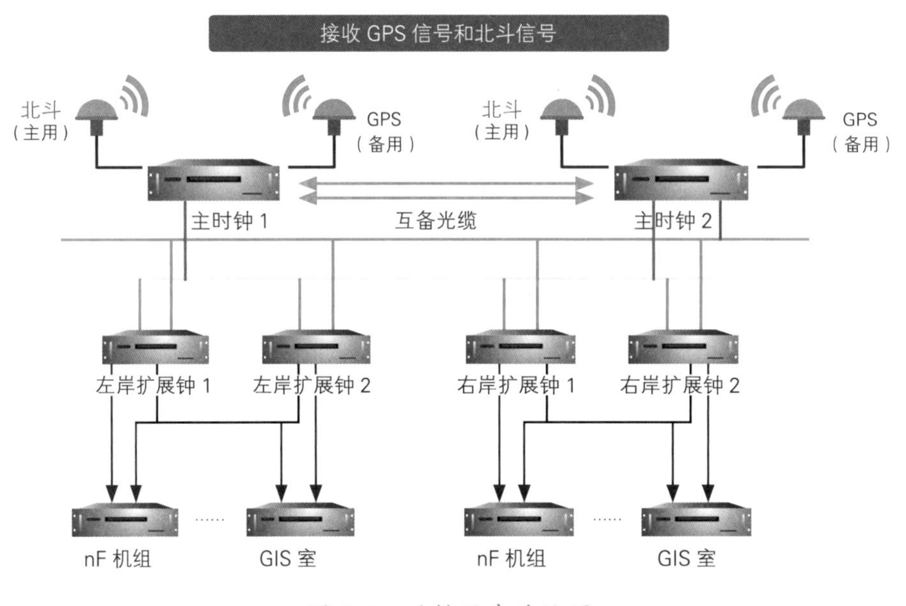

图 5-6　时钟同步系统图

小结

为满足水电站的生产管理、调度运行等需要，水电站计算机监控系统正处在持续技术变革的浪潮中。随着智能报警、智能巡检、智能联动等高级技术的研究、开发和应用，白鹤滩水电站计算机监控系统已初步具备了“智能化”特征和功能，对推进水电站全方位智能化监控与预判，以及水电站安全经济运行和效益最大化，将起到至关重要的作用。

5.2 励磁系统

5.2.1　励磁系统概述

当发电机输出电压产生偏差时，它会通过调节转子电流来稳定发电机输出电压；当电网侧负荷的无功变化时，它会控制发电机发出无功或吸收无功以达到功率平衡；当电网出现电压或功率振荡时，它会通过调节提供阻尼来消减和抑制振荡；当发电机要停机时，它会快速消耗发电机转子磁场中的能量，从而使发电机机端电压消失，这就是励磁系统。

5.2.2　励磁系统工作过程

励磁系统是发电环节中必不可少的一环，它的主要作用是在转子线圈上施加励磁电压产生励磁电流，励磁电流通过转子线圈，按照“右手螺旋定则”（安培定则）形成磁场。水轮机同轴带动发电机转子旋转，产生旋转磁场，旋转磁场切割发电机定子线圈，在定子线圈中感应产生交流电动势，从而发电。因为定子的三相线圈在空间上呈 120° 排列，所以定子三相交流电电压在相位上相差 120°。

简单来说，励磁就是产生磁场，日常生活中的磁铁也能产生磁场，但不能控制磁铁磁场的大小。所以电厂发电机的磁场不是由磁铁提供，而是由直流电流经过碳刷和滑环，在转子线圈产生磁场，通过调节直流电流来控制磁场的大小，这一过程被称为励磁，如图 5-7 所示。

图 5-7　转子线圈产生磁场示意图

励磁系统按照输入电源分类，可以分为他励、自励，其中自励又可以分为自并励和自复励两种方式。白鹤滩水电站励磁系统采用自并励方式，即励磁系统的交流电源取自发电机机端，通过励磁系统整流为直流，再经过集电环和电刷提供给发电机转子，转子产生的磁场旋转切割定子线圈，在定子中感应产生交流电，如此周而复始，就如蛋生鸡、鸡生蛋的过程，如图 5-8 所示。

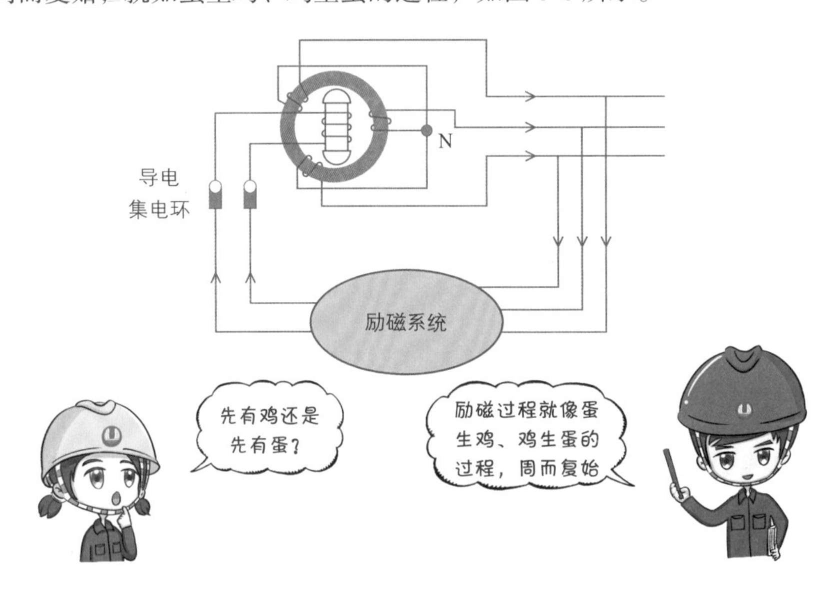

图 5-8　自并励励磁系统简图

5.2.3　励磁系统组成

白鹤滩自并励励磁系统主要由励磁调节装置、晶闸管整流装置、灭磁及转子过电压保护装置、励磁变压器、制动变压器等部分组成，如图 5-9 所示。

正常发电过程中，励磁系统电源由励磁变压器提供，电制动停机过程中，励磁系统电源由制动变压器提供。励磁调节器采集测量发电机电压、电流、功率、频率等电气参量，调节控制晶闸管整流装置对应输出所需的励磁电压、励磁电流。灭磁及转子过电压保护装置则在发电机或线路发生故障时，快速断开转子励磁电流，并投入灭磁电阻迅速消耗转子中残余的能量，保护发电机不受损伤。

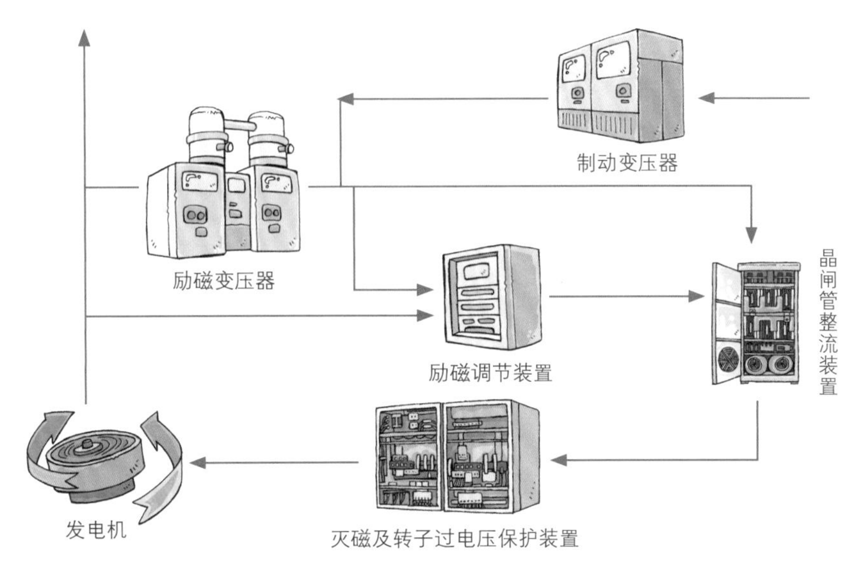

图 5-9　白鹤滩励磁系统主要组成

5.2.4　系统功能及特点

（1）励磁系统具有自动电压调节功能。励磁系统根据发电机负荷的变化相应地调节励磁电流，以维持发电机输出电压稳定。

励磁电流越大，则转子磁场越强，在同样转速下定子线圈中的感应电动势越高。在空载时，定子线圈无电流，定子线圈未产生磁场，发电机输出电压取决于转子磁场的大小；在负载（发电机并入电网）时，定子线圈中有负荷电流，定子线圈产生的定子磁场和转子磁场共同形成了合成磁场，这时发电机出口电压则取决于合成磁场的大小。因此，通过调节励磁电流的大小，即可调节发电机机端电压的大小，如图 5-10 所示。

（2）励磁系统可以控制调节发电机的无功功率。电能量可以分为有功（有功功率）和无功（无功功率）。

有功是由调速器控制水轮机出力决定，水轮机导叶开得越大，发电机发出的有功就越大，有功转化为机械能、光能、热能等其他形式的能量，属于能看到可

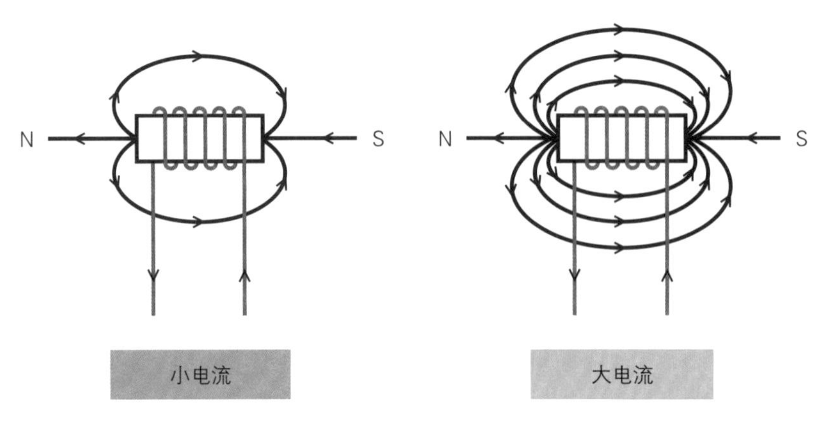

图 5-10　同一条件下电流大则磁场强

感知被消耗的能量。

而无功主要用于电气设备内电场与磁场的能量交换，它是在电气设备中建立和维护磁场所需要的功率（例如变压器需要无功功率，一次线圈与二次线圈并不存在电的直接连接，只是通过线圈、铁心、磁场磁通，在一次侧将电能转换为磁场能，二次侧又将磁场能转换为电能）。它不表现对外做功，由电能转化为磁能，又由磁能转化为电能，周而复始，并无能量损耗。它虽然不会消耗，但却是必需的一种临时性的占用功率，如开启电动机时，需占用无功功率，关闭电动机时，它又会把这种功率还给你，它始终都是这样一来一回的，在做着无用功，所以这种占用功率叫作“无功”。

发电机的有功、无功怎么区分计算呢？发电机输出的三相定子电压和三相定子电流是存在相位差的，相位差取决于负载性质，因负载（电网）通常为电感性，所以发电机三相定子电流都滞后于三相定子电压。由于电流与电压具有相位差，因此可以把电流矢量分解成与电压同相和与电压滞后 90° 的两部分。与电压同相的部分就是电流有功分量，它乘以线电压再乘以 $\sqrt{3}$ 就是有功功率。与电压成 90° 的部分就是电流无功分量，它乘以线电压再乘以 $\sqrt{3}$ 就是无功功率。

当电网需要无功功率时，相当于取走维持发电机转子和定子之间磁场的电功率，磁场变小则发电机出口电压变低，励磁系统会增加励磁电流来增强磁场，使得增强部分与发电机发出给电网的部分相当，从而维护发电机出口电压的稳定，即让发电机发出无功功率给电网。反之，当电网无功功率过剩时，励磁系统可以减小励磁电流，让发电机从电网吸收无功功率。

举个形象的例子：发电机好比挖土方，电网负荷好比一个个需要土的工程，用竹筐装土运输。工地需要的是土，土就好比有功功率，竹筐好比无功功率。电网负荷每多开启一个工程，挖土方（发电机）就多发出一些土（有功功率）和竹筐（无功功率）；当一个个工程结束关闭时，土（有功功率）用完了，空竹筐（无功功率）就还给了挖土方（发电机），如图 5-11 所示。

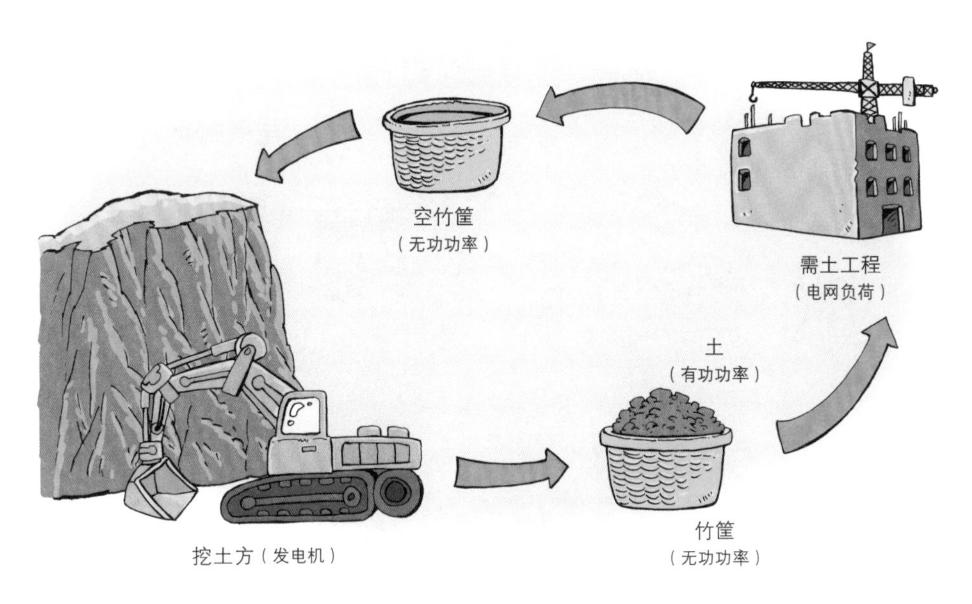

图 5-11　有功功率与无功功率的比喻

（3）励磁系统具有辅助快速停机的电气制动功能。水轮发电机停止转动的过程中，由于转速下降，导致发电机推力轴承的油膜破坏会损坏轴承。因此，当转速下降到一定程度时，要采取顶起转子的风闸等机械制动的方式使发电机组尽快停机。但对转动惯量很大的发电机组采用这种方式则比较困难，因此采用电气制动辅助发电机快速停机。

水轮发电机组在停机过程中将定子绕组三相对称短路，同时在转子加励磁，使定子绕组产生额定电流大小的制动电流，从而产生电磁制动力矩，实现电气制动，帮助机组迅速停机。

电气制动时，励磁系统由制动变压器为晶闸管整流装置提供电源，制动变压器电源取自厂用电 400V 系统。励磁系统调节器工作在电制动模式，按电制动电流需求控制晶闸管整流装置为发电机转子线圈提供励磁电流。因发电机转子仍处于惯性转动，定子在转子磁场的作用下感应产生短路电流，进而形成定子磁场。根据“左手定则”，带电的转子在定子磁场中产生的电磁力矩正好与转子惯性转动方向相反；在制动过程中，制动力矩与机组转速成反比，随着转速的下降，制动力矩反而加大，从而起到电气制动的作用。

机械制动和电气制动的优缺点对比如图 5-12 所示。

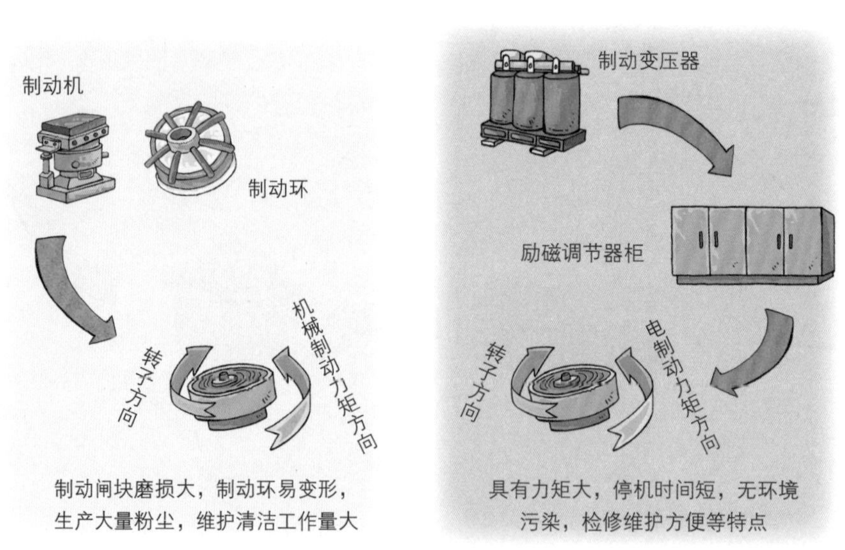

图 5-12　机械制动和电气制动的优缺点对比

（4）励磁系统配置有电力系统稳定器。电力系统稳定器（PSS）能有效抑制电网低频振荡，提高电力系统动态稳定性。低频振荡（频率一般为 0.2 ～ 2Hz）是电力系统最常见的振荡，它会引起联络线过流跳闸或系统与系统或机组与系统之间的失步而解列，严重威胁电力系统的稳定。

当系统振荡时，会存在抑制或激发系统振荡的阻尼，抑制振荡的为正阻尼，激发振荡的为负阻尼。当机械阻尼和电气阻尼之和大于 0 时，系统稳定；等于 0 时，系统临界；小于 0 时，系统负阻尼，振荡失步。

励磁系统是由多个惯性环节组成的反馈控制系统，从励磁调节器的信号测量到发电机转子绕组，每一个环节都具有惯性，其中主要的惯性是发电机转子绕组。总体来看，励磁系统是一个滞后环节。正是由于这种滞后性，使得在系统低频振荡时，励磁电流的变化滞后于转子角的变化，加剧了转子角的摆动，也就是提供了负阻尼。PSS 的任务就是作为一种附加励磁控制环节，抵消这种负的阻尼，同时还要提供正的阻尼，抑制电网低频振荡。投入 PSS 与未投入 PSS 的效果对比如图 5-13 所示。

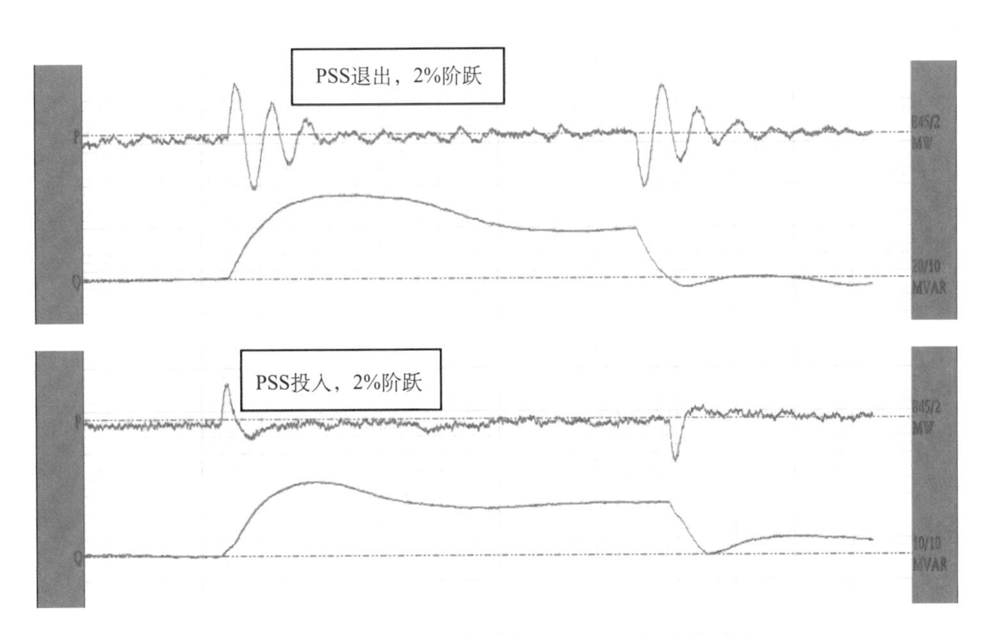

图 5-13　投入 PSS 与未投入 PSS 的效果对比

白鹤滩水电站励磁调节器中配置有 2 种 PSS 控制模型，一种是 PSS2B 模型，另外一种是 PSS4B 模型。这两种 PSS 模型，可以通过软开关进行选择。

小结

励磁系统是发电机的重要组成部分，它能将发电机机端电压维持在给定水平，合理地分配机组间的无功功率，并提高电力系统的稳定性，对电力系统及发电机本身的安全稳定运行起着至关重要的作用。

5.3 继电保护和安全自动装置

5.3.1 三道防线概述

长期稳定运行的电力系统为社会生产生活有序进行提供着基本保障，当电力设备或区域电网发生故障时，必须及时采取措施才能避免事故扩大，减少损失，才能保证电力系统安全稳定运行。电力系统稳定控制阶段示意图，如图 5-14 所示。

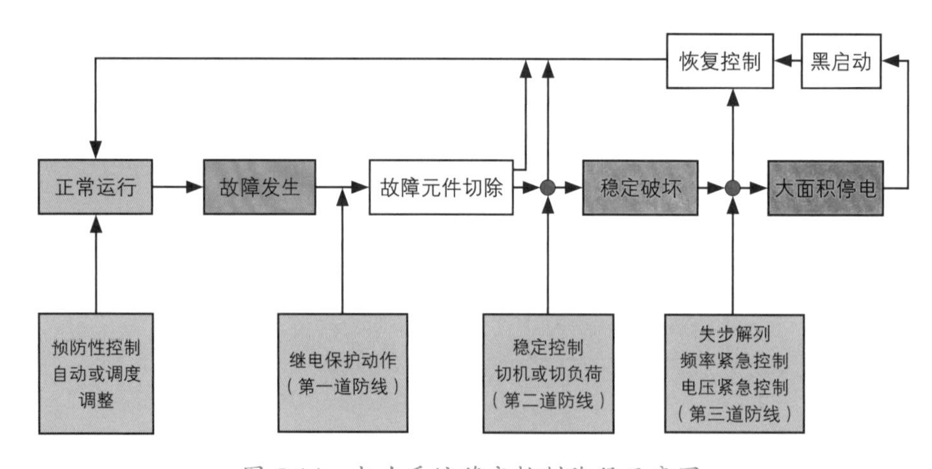

图 5-14　电力系统稳定控制阶段示意图

为实现电力系统安全稳定控制，通常设置如下三道防线：

第一道防线：快速可靠的继电保护，确保电网在发生常见的单一故障时保持电网稳定运行和电网的正常供电。

第二道防线：采用稳定控制装置及切机、切负荷等紧急控制措施，确保电网在发生概率较低的严重故障时能继续保持稳定运行。

第三道防线：设置失步解列、频率及电压紧急控制装置，当电网遇到低概率的多重严重事故，导致稳定破坏时，依靠这些装置防止事故扩大，防止大面积停电。

三道防线参与电力系统稳定控制，它们有先后、有组织、有层次地保卫着白鹤滩水电站的电力生产安全。通过默契的配合将电力系统故障这个敌人一次次击退，减少电力系统故障带给白鹤滩水电站电力设备的损伤和危害，如图 5-15 所示。

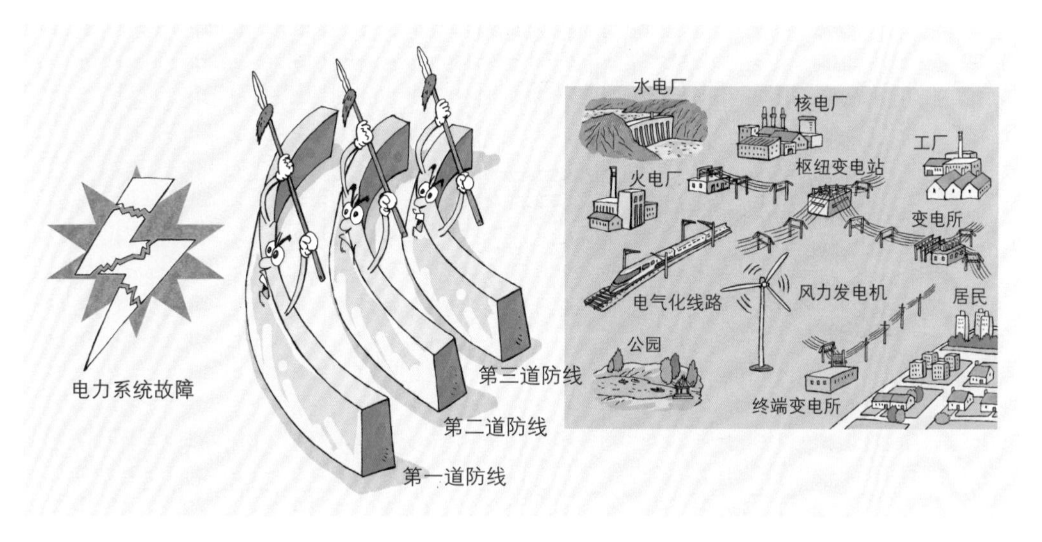

图 5-15　三道防线功能形象示意图

5.3.2　三道防线的组成和工作原理

第一道防线：继电保护

继电保护的动作过程就是检测—分析—执行的过程。当电气设备故障发生时，会引起运行设备相关的物理量（电压、电流等）特征发生变化，测量部分负责将该部分物理量传送至继电保护装置，通过逻辑部分分析物理量变化特征确定故障类型、出口方式，再由执行部分负责完成发信号、跳闸等动作。继电保护功能的基本结构示意图，如图 5-16 所示。

继电保护作为第一道防线，是最快最有效地保证电力系统暂态稳定的手段。当一次设备不正常运行时，它能及时发出告警信息；当一次设备发生故障时，它能第一时间快速地发出指令使相应的断路器跳闸，快速切除故障元件，防止事故扩大，减少设备损失，不扩大停电范围，如图 5-17 所示。

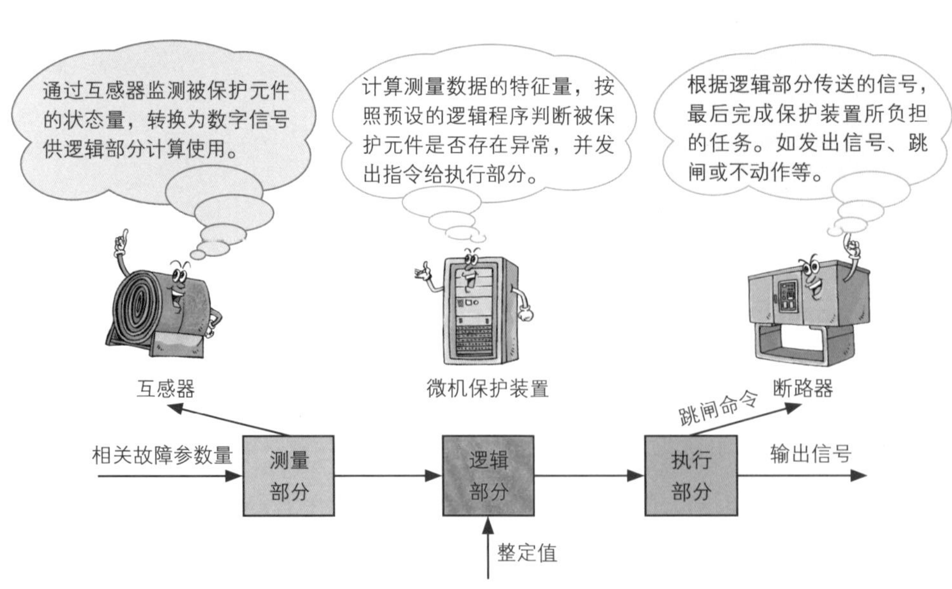

图 5-16　继电保护功能的基本结构示意图

图 5-17　继电保护像医生保护我们一样保护着电站

为了电力设备的正常运行，任何时候任何设备都不允许无保护状态运行。白鹤滩水电站的发变组保护等主要的继电保护和安全自动装置均实行双重化配置，确保了对百万千瓦机组的可靠保护。白鹤滩水电站保护配置示意图，如图 5-18 所示。

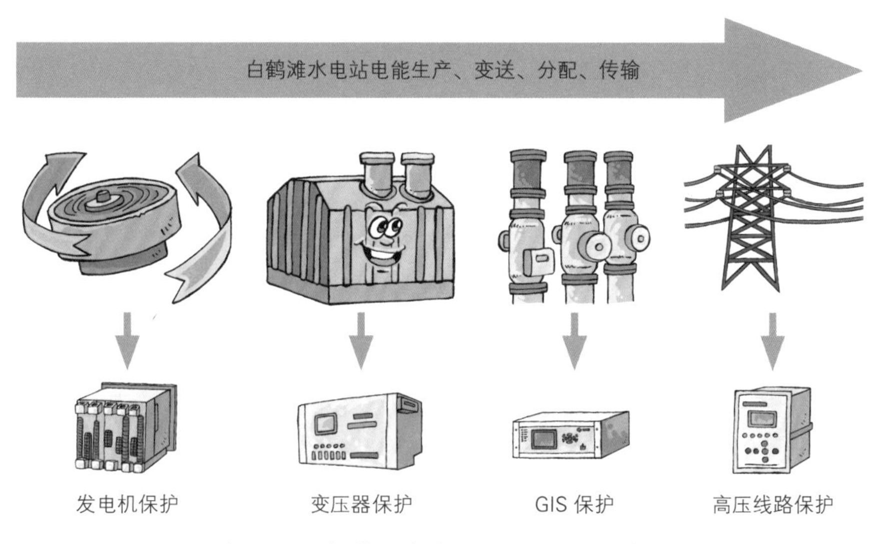

图 5-18　白鹤滩水电站保护配置示意图

白鹤滩水电站主要的继电保护装置包括发电机保护装置、变压器保护装置、GIS 保护装置、高压输电线路保护装置等，所有的电力一次设备都离不开继电保护的贴身护航。

（1）差动保护。基尔霍夫电流定律告诉我们，在电路中，流入一个节点的电流总和等于离开这个节点的电流总和，这就像一根水管，即使有很多支路，但总进水量和总出水量始终是相等的，如图 5-19 所示。

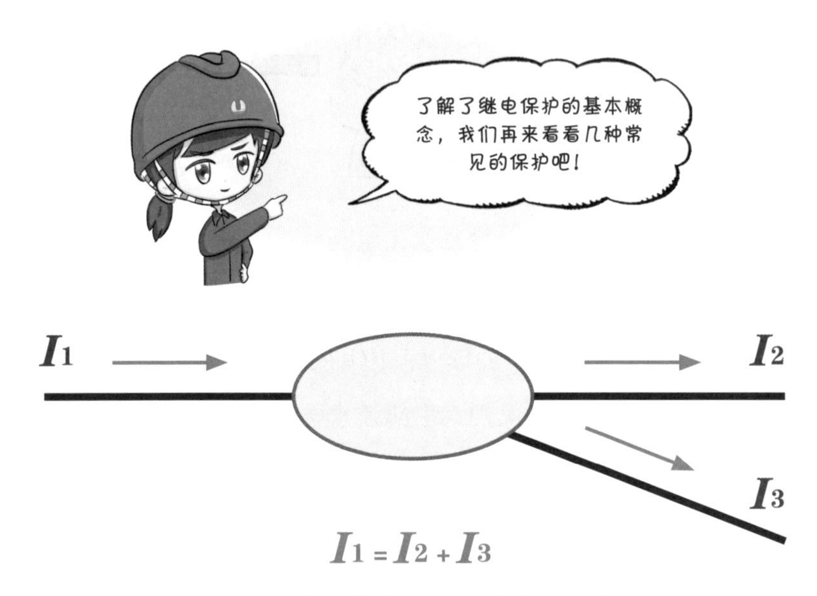

图 5-19 基尔霍夫电流定律简要示意图

在继电保护中，这个节点的范围是由电流互感器的位置决定的。正常情况下，两个互感器流过的电流相量相加为零，但是当两个互感器之间（通常称为“区内”）发生故障时，故障点会分走部分电流，流过两个互感器的电流相量之和就不再为零了。差动保护就是检测两侧的电流。通过公式计算如果出现差值（差流），就说明回路出现了问题，如图 5-20 所示。

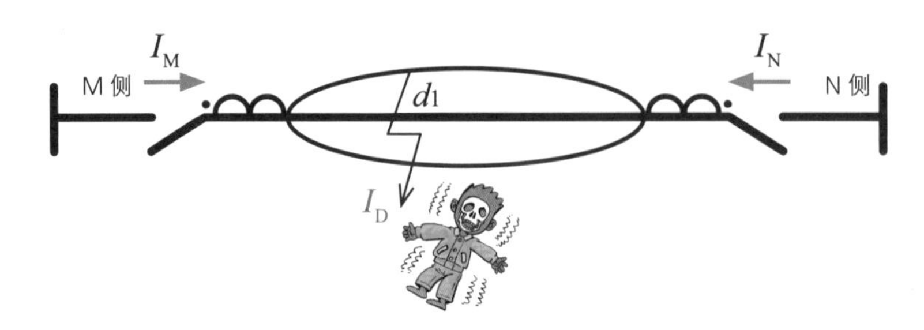

图 5-20 差动保护原理示意图

同时，为了防止差动保护误动作，还引入了“制动电流”的概念，可以有效地避免因为电流不平衡出现差流时，导致保护误动。

（2）距离保护。距离保护通常用于保护输电线路。通过测量被保护线路的始端电压和线路电流的比值来动作，这个比值反映了短路点到保护安装处的阻抗大小，阻抗与长度成正比。所以这个比值也反映了短路点到保护安装处的距离，故距离保护也称阻抗保护。由于阻抗是线路的固有参数，因此距离保护基本不受系统运行方式的影响，如图 5-21 所示。

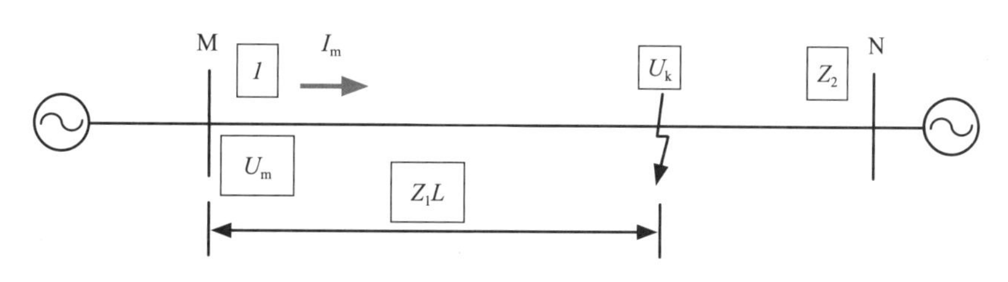

图 5-21　距离保护工作原理示意图

通常采用三段式的距离保护，通过保护范围和动作时间的相互配合，保证在不同位置发生故障时，距离保护的动作结果既能有效切除故障，又能对系统的影响最小，如图 5-22 所示。

（3）复压过流保护。要了解什么是复压过流保护，首先要知道什么是过电流保护。设备正常运行时，电压电流都是有一定范围的，电流一旦超过某个值（整定值），继电保护装置就会动作，这就是简单的过流保护，如图 5-23 所示。

复压过流保护就是增加了复合电压条件的过电流保护，是由复合电压来控制（关闭或打开）的过流保护，也就是说电流与电压都要达到某个条件时，才动作，其中只要有一个不达到整定的条件就不会启动保护。

第二道防线：安控装置

白鹤滩水电站左、右岸各有 4 回 500kV 交流线路，均经过左岸同一线路走廊分别送至布拖一、二期 ±800kV 直流换流站。巨型水轮发电机组与超高压输电线路的组合，使白鹤滩水电站对区域电网的稳定运行发挥着举足轻重的

图 5-22 三段式距离保护特点示意图

图 5-23 电流就像水流，水满则溢，不能过大

作用。

按照电力系统安全稳定导则的标准，第二级安全稳定标准中的安稳装置旨在防止系统稳定破坏或事故扩大，造成大面积停电，或对重要用户的供电长时间中断。电力系统就像一个由许多发电站和输电线路织就的巨大蜘蛛网，谈到电力系统的稳定运行，就不得不提安全稳定控制装置（简称“安控装置”）。

电力系统安全稳定控制系统就是维持电网稳定运行的第二道防线，它是对预先考虑到的存在稳定问题的故障（事故）进行检测、判断和实施控制的系统，是为防止系统失去稳定而采取的主动应对措施。安控装置通常通过切掉部分负荷、切掉部分机组等方式实现控制，确保电网在发生概率较低的严重故障时能继续保持稳定运行。安控装置的作用过程，好比一辆马车拉载货物按照特定速度匀速前行，当马生病了、缰绳受损、货物丢失，若还想继续匀速前进，就得采取扔掉货物或是放掉几匹马的措施，如图5-24所示，至于在什么情况下扔多少货物或者放几匹马，是安控装置早就考虑到的，一发生特定情况，我们就按事先准备好的“锦囊妙计”执行，而这个锦囊妙计，就是安控装置中所谓的策略表，如图5-25所示。

图5-24 安稳系统

图 5-25　安全稳定系统“自有策略”

白鹤滩水电站的安控装置根据电站设备及外送线路的具体情况制定了详尽的策略表，根据系统故障的实际情况确定应该切掉几台机组或者甩掉多少负荷，可以有效地保证白鹤滩水电站的安全稳定运行。

第三道防线：失步解列及频率电压紧急控制装置

第三道防线是电力系统安全稳定的最后一道防线，十分重要。电网发生崩溃大多是因第三道防线不完善所造成的。为加强第三道防线，除了增加必要的一次设备，主要采用送端切机、受端切负荷以及网络解列等措施。

当电力系统发生失步振荡、频率异常、电压异常等破坏系统安全稳定运行的事故时，就到了由失步解列、频率及电压紧急控制装置构成的第三道防线力挽狂澜的时候了。第三道防线是防止系统崩溃，避免出现大面积停电的最后一道防线，有着至关重要的作用。

所谓失步解列，是当电力系统由于某种原因受到干扰时（如短路、故障切除、电源的投入或切除等），这时并列运行的各同步发电机间电势差、相角差将随时间变化，系统中各点电压和各回路电流也随时间变化，这种现象称为振荡，此时电力系统中各发电机之间步调不一致，就像两人三足游戏，步调不一致的两人一起游戏很容易摔跤，只有将捆绑两人的带子解开，才能避免发生意外，如图 5-26 所示。

图 5-26 失步解列功能形象示意图

当电力系统失步后，要选择合适的解列地点。电力系统失步解列将不同转速的发电机分割在不同的电力孤岛中，使得同一个孤岛中的发电机保持相同转速。

频率电压紧急控制装置主要测量白鹤滩水电站开关站内两段母线电压、频率，当发生频率、电压事故时，进行相应的频率、电压事故判断，根据定值切除机组。

小结

继电保护、稳定控制、失步解列及频率电压紧急控制等装置共同组成电力系统安全稳定运行的三道防线，它们如同超级英雄，是维护白鹤滩水电站电力生产安全稳定运行的“守护者联盟”。稳定可靠、锐意创新，白鹤滩水电站“守护者联盟”的三道防线，密切防守，毫不松懈，为白鹤滩水电站百万千瓦机组顺利发电和电力安全生产保驾护航。

5.4 直流电源系统

5.4.1 直流系统概述

直流系统因自带大容量蓄电池组，可以为重要的负荷提供不间断的稳定可靠电源。直流电源是信号装置、继电保护装置、自动控制装置、远动装置、通信设备等大多数设备的后备电源，也是一些设备唯一的操作主电源，如开关分合闸、直流接触器等。直流电源主要为机组事故跳闸或紧急关闭等提供可靠电源，因此直流系统的重要性不言而喻。

5.4.2 直流系统工作原理

直流系统的交流输入电源正常供电时，直流系统通过交流配电单元给各个整流模块供电，整流模块将交流电变换为直流电，经保护电器输出。它一方面给蓄电池组充电；另一方面经直流配电馈电单元输出直流给负载提供工作电源。当交流输入电源故障或停电时，整流模块停止工作，直流系统切换为由蓄电池组给直流负荷供电。直流系统检修时，通过放电装置给蓄电池组进行充电和放电。直流系统原理流程图，如图 5-27 所示。

一套完整的直流系统主要包括充电装置、馈线装置、蓄电池组、放电装置，如图 5-28 所示。

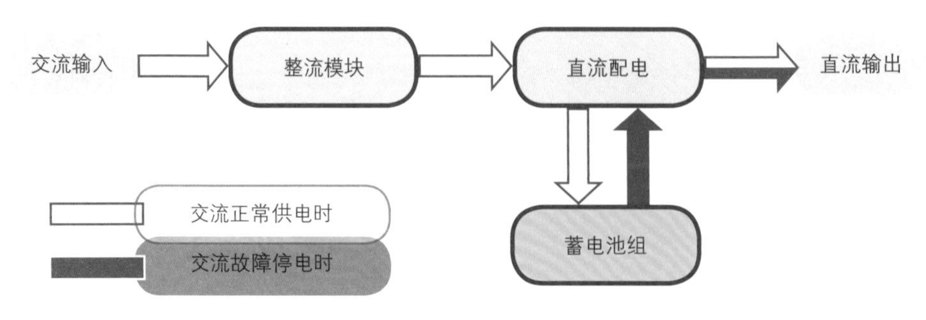

图 5-27　直流系统原理流程图

图 5-28 直流系统设备主要组成

5.4.3 “两蓄三充”与“两蓄两充”

白鹤滩直流系统中，分布在机组、副厂房、主变洞、控制管理楼的 13 套系统采用“两蓄三充”直流系统；分布在进水口、厂外配电中心、大坝的 5 套直流系统采用“两蓄两充”直流系统。

“两蓄三充”直流系统由 2 组蓄电池、3 组充电装置组成，直流母线为两段单母线。正常运行时，联络柜母联开关断开，两段母线独立运行，第 1 套充电柜对第 1 组蓄电池和Ⅰ段母线供电；第 2 套充电柜对第 2 组蓄电池和Ⅱ段母线供电；第 3 套充电柜处于热备用状态。

当第 1、第 2 套充电柜中任一故障时，可投入第 3 套充电柜替代运行；当任一蓄电池组退出时，可将联络柜的母联开关合上，由另一段母线的充电装置和蓄电池组给整个系统供电，直流母排联络运行方式切换过程中允许两组蓄电池短时并联运行。“两蓄三充”直流系统原理图，如图 5-29 所示。

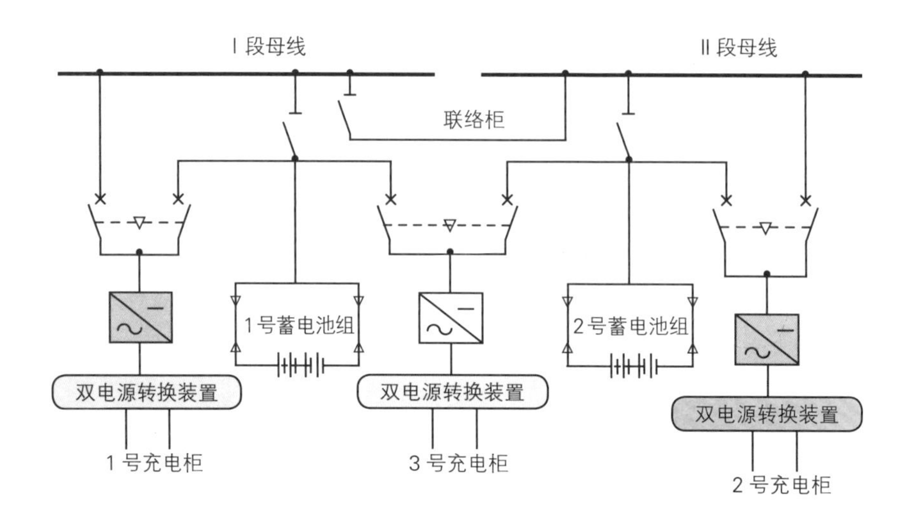

图 5-29 “两蓄三充”直流系统原理图

“两蓄两充”直流系统由2组蓄电池、2组充电装置组成，直流母线为两段单母线。正常运行时，联络柜母联开关断开，两段母线独立运行，第1套充电柜对第1组蓄电池和Ⅰ段母线供电；第2套充电柜对第2组蓄电池和Ⅱ段母线供电。

当任一蓄电池组退出时，可将联络柜的母联开关合上，由另一段母线的充电装置和蓄电池组给整个系统供电，直流母排联络运行方式切换过程中允许两组蓄电池短时并联运行。“两蓄两充”直流系统原理图，如图5-30所示。

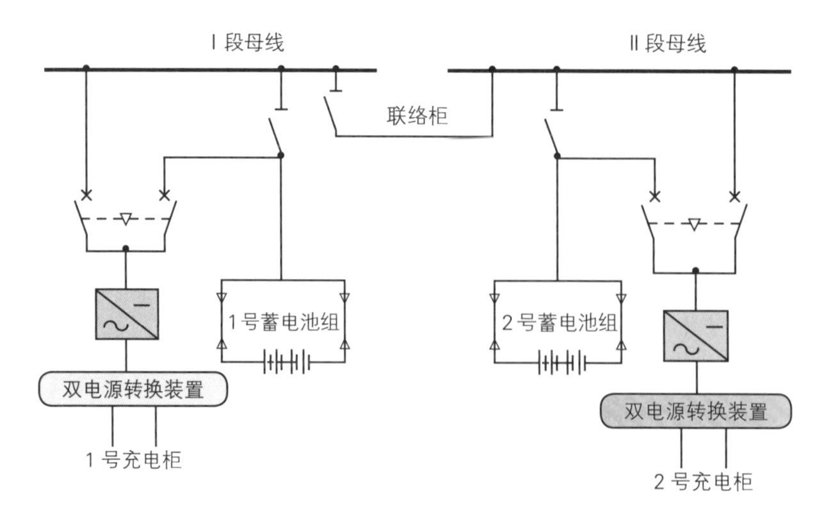

图 5-30 “两蓄两充”直流系统原理图

小结

直流系统为白鹤滩水电站重要负荷提供不间断的稳定可靠电源。白鹤滩水电站直流系统蓄电池采用阀控式密封铅酸蓄电池，无需添加电解液或蒸馏水、安装简便、使用方便、安全可靠、维护量小，增强了直流系统供电的可靠性。

本章小结

电气二次设备属于水电站的核心组成部分，是水电站稳定运行的重要保障，具备对水电站机组监测、控制、调节和保护的功能，提供运行工况或生产指挥信号，其运行状况直接影响着水电站运行的安全及可靠性。

第6章 水电站辅助设备——幕后英雄

水电站辅助设备是水轮机和发电机等主机设备的附属设备，是为了确保机组正常运行而设置的相关设备，也是水轮发电机组正常运行过程中实施操作、控制、维护、检修和运行管理必需的设备。白鹤滩水电站辅助设备包括给排水系统、油系统、气系统、消防系统和通风空调系统。

6.1 给排水系统

白鹤滩水电站给排水系统包括技术供水系统和排水系统。技术供水系统由机组技术供水和主变压器技术供水组成。排水系统由机组检修排水、厂内渗漏排水、厂区渗漏排水、大坝渗漏排水、水垫塘渗漏排水、水垫塘检修排水等系统组成。

6.1.1 技术供水系统

“热血”机组专供冷饮。白鹤滩水电站技术供水系统包括机组技术供水和主变压器技术供水系统。机组技术供水系统采用单元供水方式，供水对象主要包括发电机空气冷却器、发电机上导轴承冷却器、发电机推导轴承冷却器、水轮机导轴承冷却器、水轮机主轴密封润滑冷却。主变压器技术供水系统采用单元供水方式，包括主变压器有载和主变压器空载供水，如图 6-1 所示。

技术供水互为备用。技术供水系统设置全厂技术供水联络总管，左、右岸单边 8 台机组技术供水互为备用。

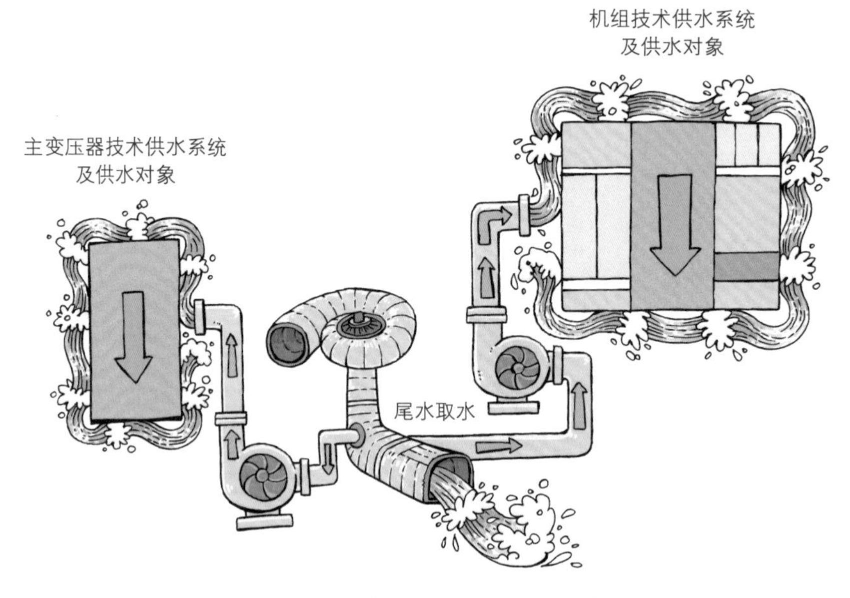

图 6-1 技术供水系统供水对象

机组技术供水系统可正反向运行。机组技术供水系统设置四通换向阀，能够使机组供水实现正反向运行，以防止泥沙堵塞。相对于利用阀门组进行技术供水正反向倒换的方案，四通换向阀操作简单，系统更加稳定，如图 6-2 所示。

技术供水由尾水取水，水泵加压供水。白鹤滩水电站采用尾水取水、水泵加压供水的供水方案。机组和主变压器有载技术供水取水口和排水口均设在尾水管至尾水管检修闸门间的尾水隧洞，均采用单级双吸卧式离心泵。主变压器空载供水水源取自下游尾水管检修闸门外侧，采用单级双吸立式离心泵，

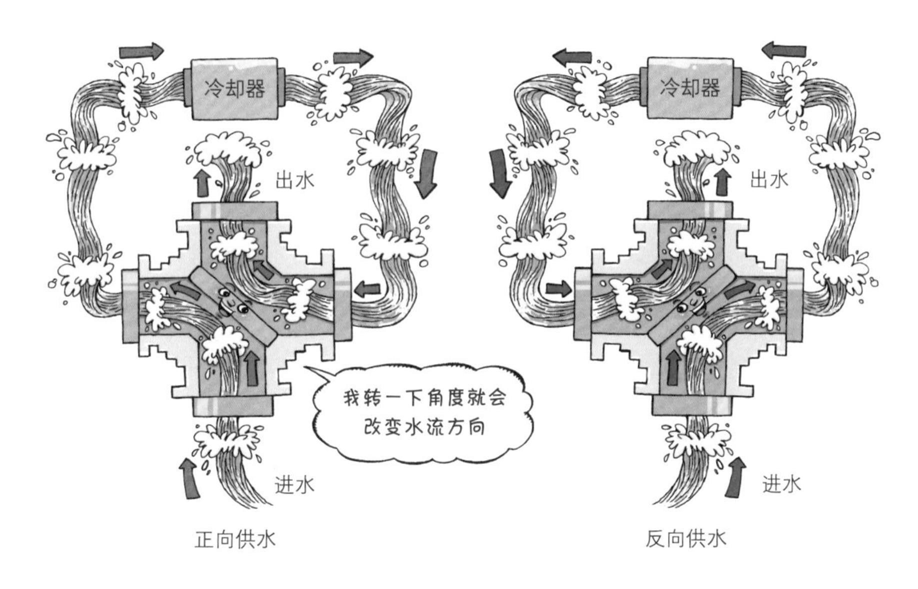

图 6-2　机组供水系统正反向运行

如图 6-3 所示。

机组技术供水、主变压器有载和空载供水均有两台泵，一台主用，一台备用，泵的启停有手动和自动两种控制方式，其中手动方式通过操作按钮实现，自动控制方式通过 PLC 采集流量等信号控制，或接受监控系统命令。

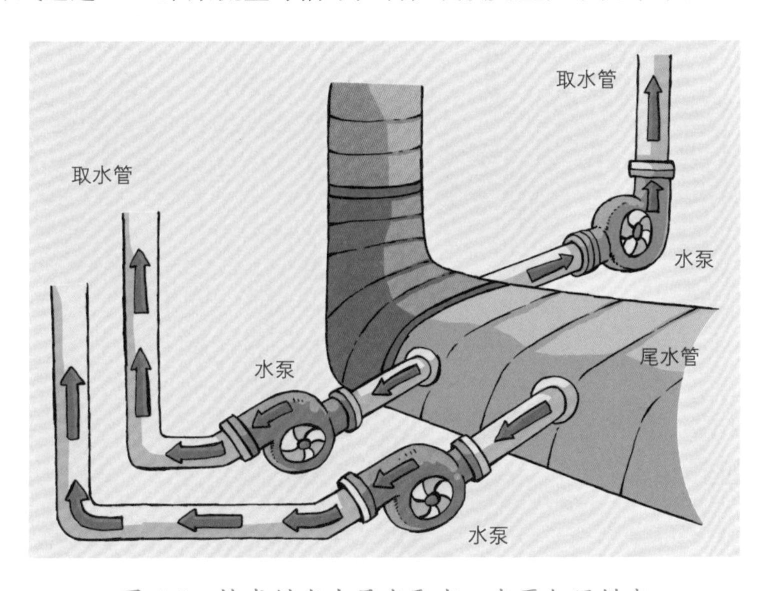

图 6-3　技术供水由尾水取水，水泵加压供水

6.1.2 排水系统

"电站肾脏"。白鹤滩水电站给排水系统中另外一个系统就是排水系统，由机组检修排水、厂内渗漏排水、厂区渗漏排水、大坝渗漏排水、水垫塘渗漏排水、水垫塘检修排水 6 个系统组成。机组检修排水系统用于机组检修时，排出压力钢管、蜗壳和尾水管内的积水。厂内渗漏排水系统用于排出厂内水工建筑物渗漏水、厂内机电设备渗漏水、生产生活污水及其他需排入渗漏集水井内的水。水垫塘检修排水系统用于抽排水垫塘内的蓄水，以便水垫塘维护检修。这个排水系统就像我们人体的肾脏一样，将电站内"不需要的水分"收集到"膀胱"——集水井内，到达一定水位高度后，通过排水泵集中排出。"电站肾脏"——排水系统如图 6-4 所示。

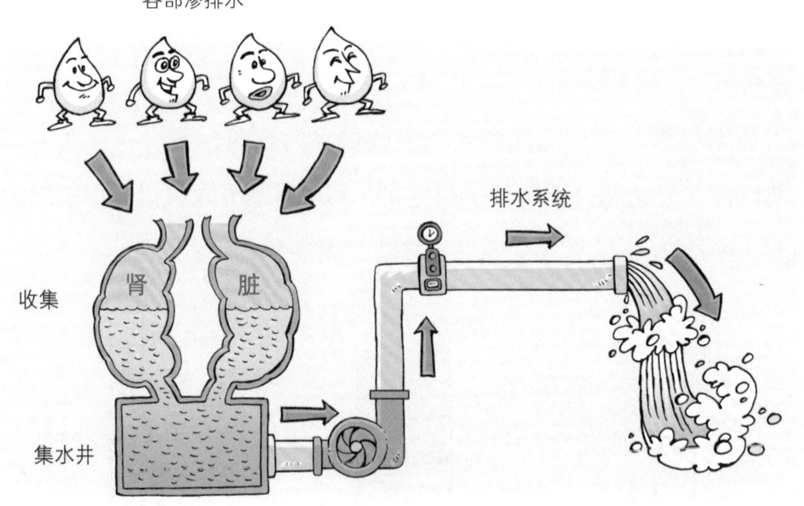

图 6-4 "电站肾脏"——排水系统

小结

水电站给排水系统虽属于辅助设备，但运行的安全可靠性与水轮发电机组的运行和厂房、大坝的安全有着紧密的联系。白鹤滩水电站给排水系统的设计和布置全面考虑了系统的安全可靠性、运行操作的灵活性，具有易操作、便于维护的特点。

6.2 透平油系统

白鹤滩水电站透平油系统分为厂内透平油系统和厂外透平油系统。左、右岸电站厂内透平油系统主要设备布置在副厂房。厂外透平油系统为白鹤滩水电站全厂共用。白鹤滩水电站透平油系统服务对象包括机组上导轴承、推力及下导轴承、水导轴承、调速系统。透平油系统主要包括油泵、油罐、滤油设备以及管路、管件、阀门等，其主要作用为机组排油、机组加油、加注新油、向厂外排油、油过滤等，透平油采用国产品牌。油系统如图 6-5 所示。

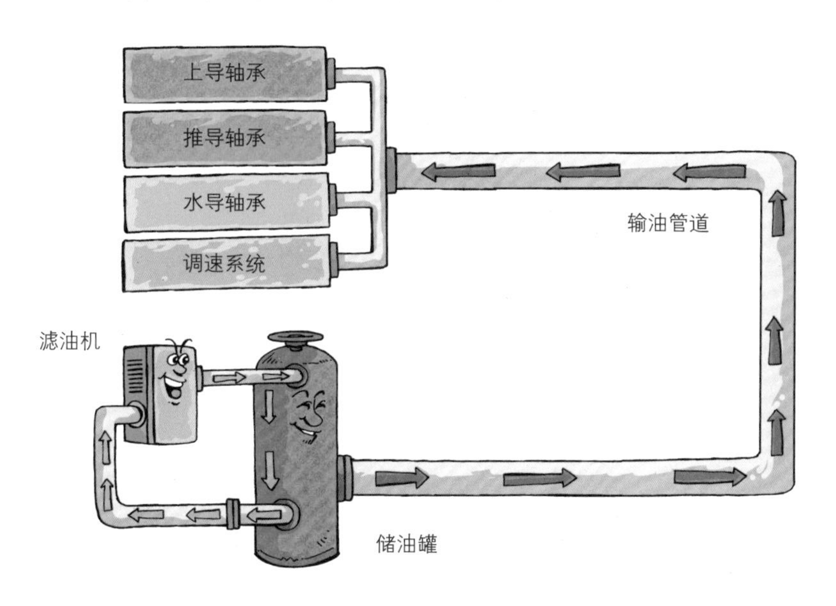

图 6-5　油系统

小结

白鹤滩水电站油系统布局合理，不仅能提高检修工作效率，而且能给运行的灵活性以及方便管理等提供良好的条件。

6.3 压缩空气系统

白鹤滩水电站左、右岸厂房分别设有压缩空气系统，其主要设备布置在副厂房最底层。压缩空气系统包括中压气系统和低压气系统，其中低压气系统又分为制动用气系统和工业用气系统，工业用气系统作为制动用气系统的备用。中压气系统的服务对象为调速器油压装置，低压气系统的服务对象为机组制动用气、机组检修密封用气和工业用气。压缩空气系统主要包括空压机、储气罐、吸附式干燥机等设备，如图 6-6 所示。

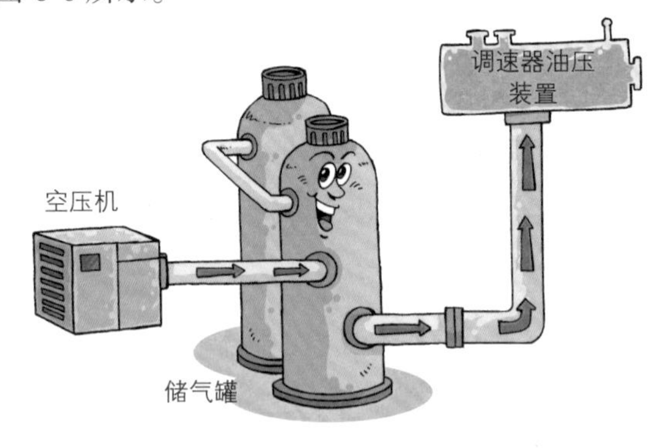

（a）中压

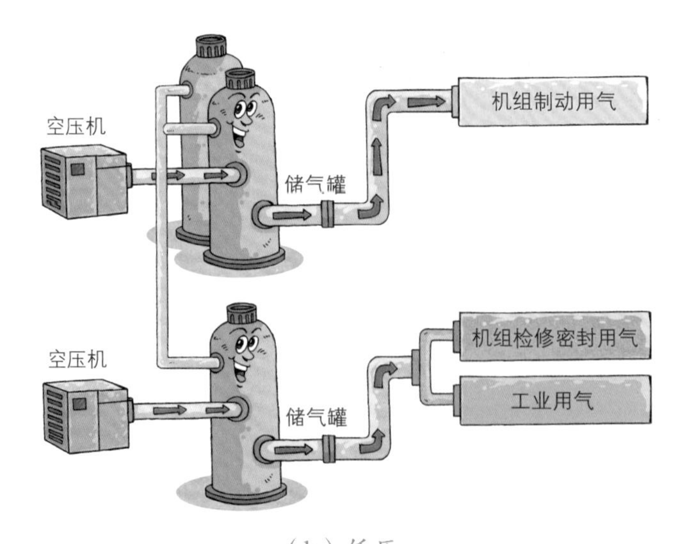

（b）低压

图 6-6　压缩空气系统

中压气系统采用吸附式干燥机对气体进行干燥。吸附式干燥机采用整体式设计，即干燥机容器及控制设备均布置于同一机座上。吸附式干燥机保持吸附容器内空气合适的流速，既确保压缩空气与吸附剂充分接触，又能保证气流脉动小，气压平稳无波动，出口压缩空气含水分少，如图 6-7 所示。

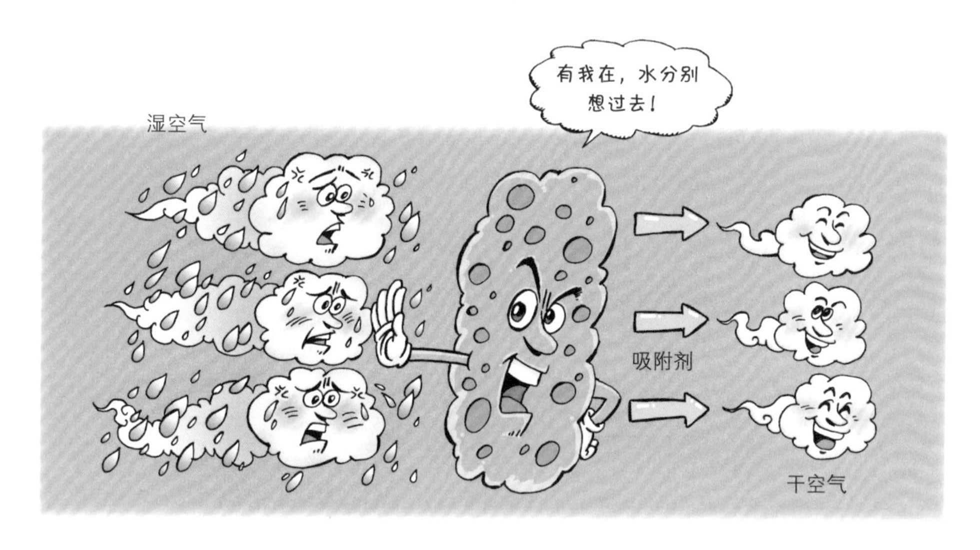

图 6-7　吸附式干燥机的干燥过程

小结

压缩空气系统是水电站不可或缺的辅助系统之一，压缩空气的品质好坏直接影响着系统设备的维护成本甚至运行安全。白鹤滩水电站气系统的布置以及配备吸附式干燥机等措施能有效提高压缩空气的品质。

6.4 消防系统

6.4.1 消防系统的作用

“生命至上、安全第一”，消防系统为安全生产提供重要保护。消防系统主要作用在于及时预警、预防判断，将火灾扼杀于“未燃”；遇到火情，消防系统也具备消灭火灾的能力。

6.4.2 消防系统的工作原理

消防系统的主要工作原理是在火灾初期，感知燃烧产生的烟雾、热量、火焰等信息通过火灾探测器变成电信号，或者现场人员通过手动报警按钮产生电信号，采集传输到消防系统的大脑中枢——火灾报警控制器；火灾报警控制器产生火警信号送至联动控制器，联动控制器通过声光设备、广播设备通知整个区域人员疏散，并启动排烟设备、防火设备、灭火设备（水喷淋、水喷雾、高压细水雾、气体灭火）等，最大限度减少因火灾造成的生命和财产的损失。消防系统工作原理如图 6-8 所示。

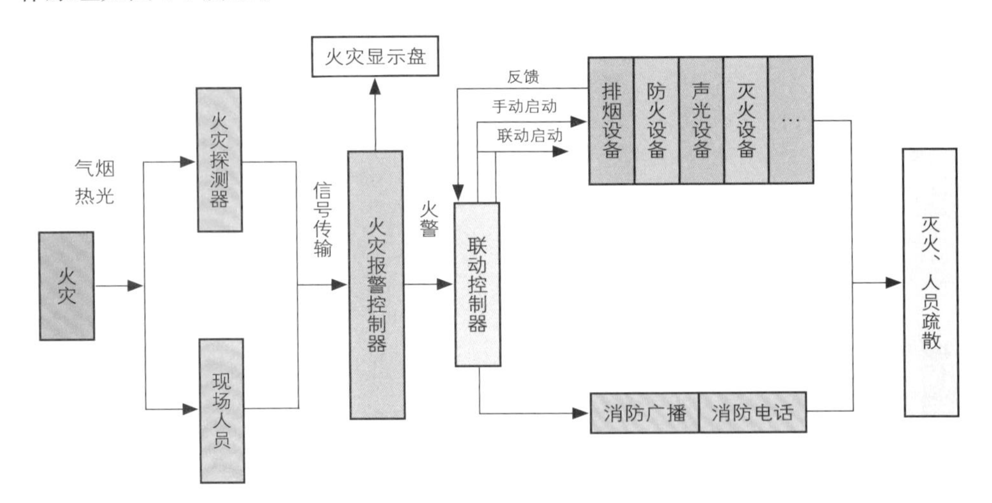

图 6-8　消防系统工作原理

6.4.3 消防系统的大脑中枢

作为消防系统的大脑中枢——火灾报警控制器，它是一个集群，在电厂各个重要区域设置有火灾报警控制器，最后组成一个环网。白鹤滩火灾自动报警及控制系统图，如图 6-9 所示。

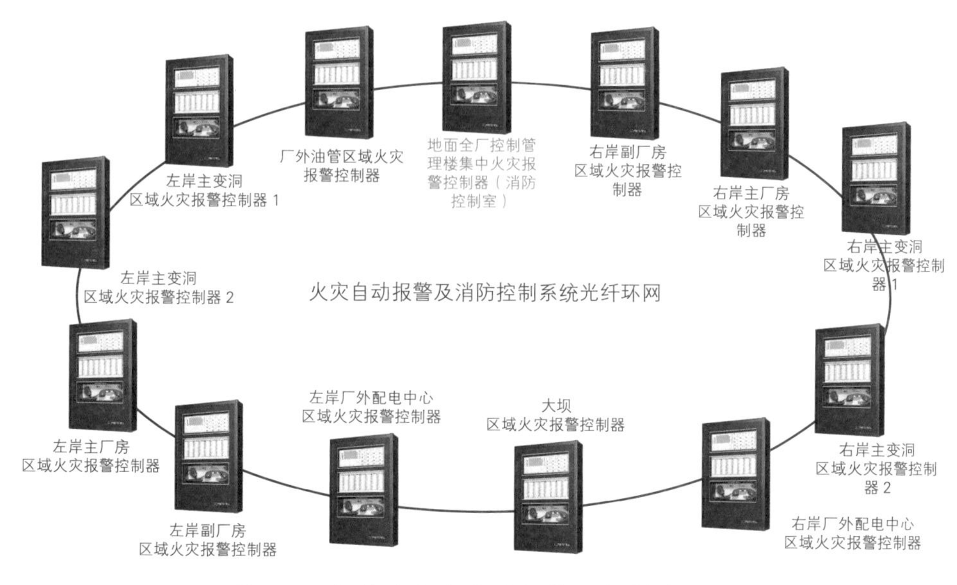

图 6-9　白鹤滩火灾自动报警及控制系统图

6.4.4　白鹤滩水电站消防系统的组成

白鹤滩水电站消防系统包括消火栓灭火系统、发电机组水喷雾系统、主变压器高压细水雾灭火系统、气体灭火系统、油浸式电抗器水喷雾灭火系统、移动灭火设备、防火防排烟系统、火灾自动报警及消防控制系统、电缆防火工程，如图 6-10 所示。本节重点介绍主变压器高压细水雾灭火系统、IG100 气体灭火系统和光纤光栅测温系统。

（1）主变压器高压细水雾灭火系统。主变压器高压细水雾灭火系统主要由供水高压泵组单元、电气控制柜、消防水箱、分区控制阀、细水雾开式喷头、管网和火灾自动报警联动设备等组成，如图 6-11 所示。

高压细水雾系统的工作原理是在准工作状况下，高压细水雾灭火系统从泵组出口端至分区控制阀前的管网内，维持 0.8 ～ 1.2MPa 的压力，当压力低于稳压泵的设定启动压力（0.8MPa）时，稳压泵启动，使系统管网维持稳定压力。当火灾发生时，火灾探测器发出报警信号，通过火灾报警联动控制器打开分区控制

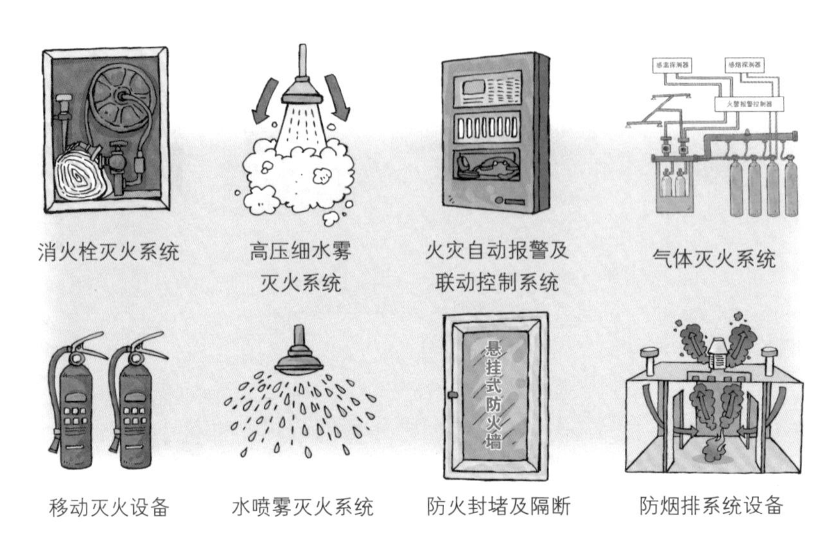

图 6-10　白鹤滩水电站消防系统

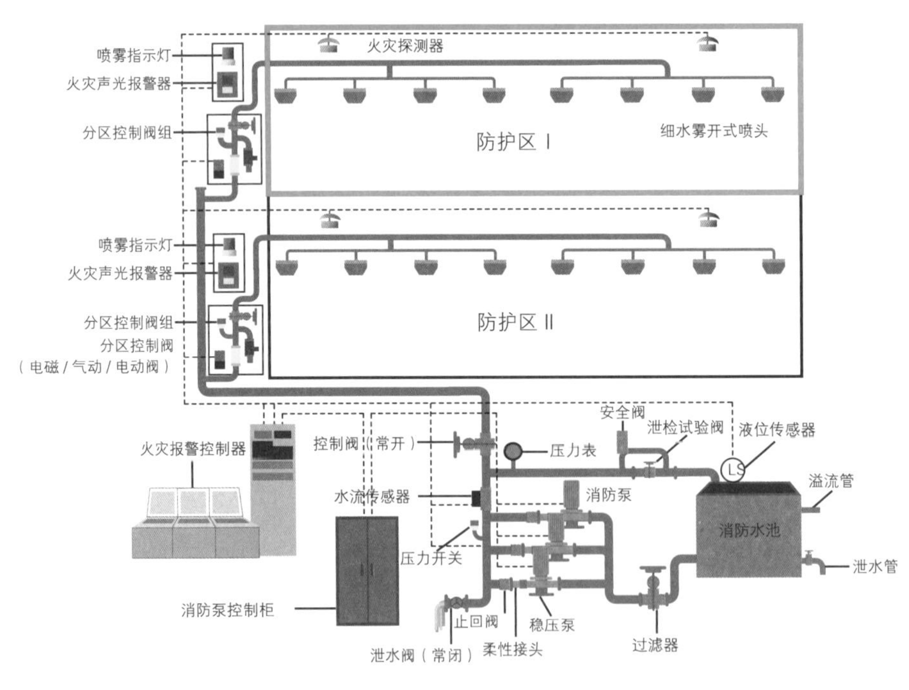

图 6-11　高压细水雾系统设备组成

阀。主管内压力低于 0.8MPa，稳压泵启动，当稳压泵运行超过一定时间后压力仍达不到 0.8MPa 时，主泵按程序梯次启动（此时稳压泵停止），直到管网压力达到 15MPa，最后由喷头喷放高压细水雾。

高压细水雾能笼罩包裹整个变压器，如图 6-12 所示，通过吸收火场的温度，二次汽化，产生体积急剧膨胀的水蒸气，一方面冷却燃烧反应，另一方面要稀释氧气、窒息燃烧反应从而达到双重物理灭火的效果，如图 6-13 所示。它具有灭火所需水量较少、冷却性能好、灭火时间短的优点。

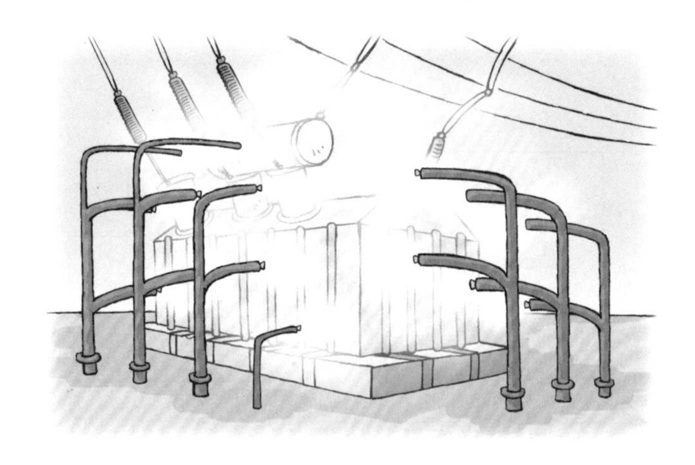

图 6-12　高压细水雾笼罩主变压器

图 6-13　细水雾冷却、隔氧双重灭火

（2）IG100 气体灭火系统。IG100 气体灭火系统，即纯氮气灭火系统，它采用纯氮气作为灭火剂。氮气无色、无味、无毒，不仅对人体无害，而且在灭火过程中不产生任何化学物质，对防护区内的精密仪器和珍贵资料无腐蚀作用，不导电，火灾后的现场易于清理，具有环保、高效的特点。一般布置在计算机房、通信机房、中央控制室、继电保护室等房间，对重要设备、仪器、资料起保护作用。

IG100 气体灭火系统主要包括灭火剂瓶组、驱动气体瓶组、单向阀、选择阀、集流管等，如图 6-14 所示。

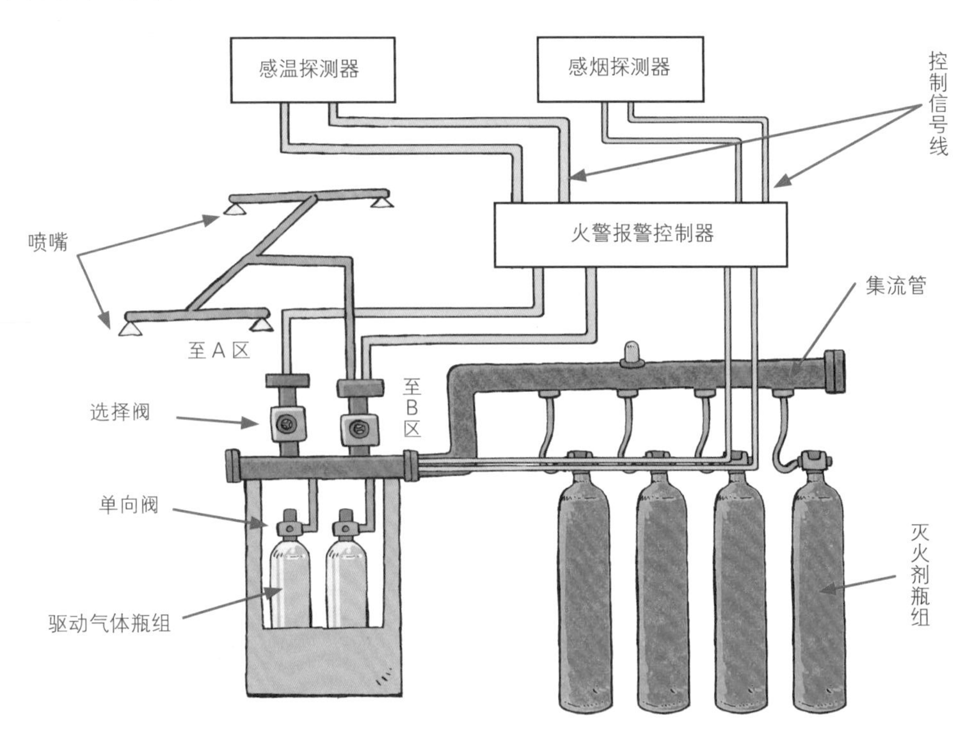

图 6-14　IG100 气体灭火系统设备组成

（3）光纤光栅测温系统。相对于其他大部分火灾探测器用来探测已发生的火灾，光纤光栅测温传感器则能够实时探测跟踪电气设备的温度变化，并发出必要的报警信息，能对电气火灾进行有效的预防，做到真正的防患于“未燃”。

白鹤滩水电站采用的是 TGW-1000 光纤光栅线型感温火灾探测器，它的测温长度分辨率（最小感温长度）为 0.1m，而传统的分布式光纤线性感温火灾探测器的最小感温长度为 1m。所以光纤光栅线型测温系统极大地提高了测温的灵敏度，可以更准确、更早期地发现火灾隐患。测温光纤“S”形敷设布置示意图，如图 6-15 所示。

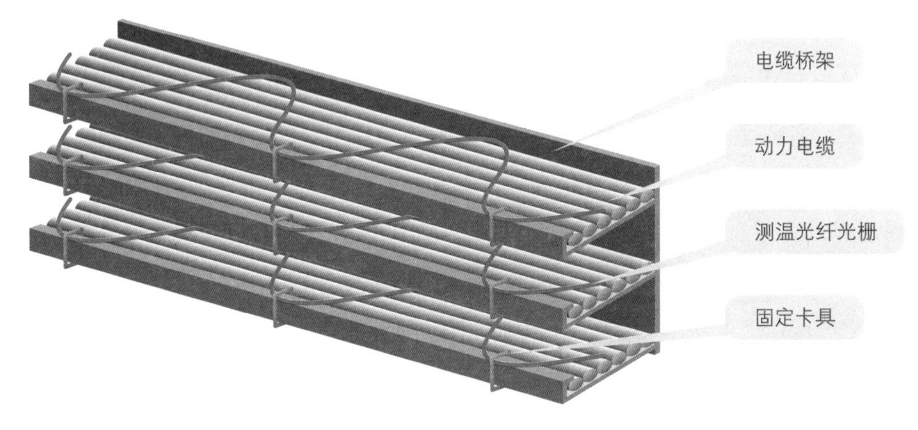

图 6-15　测温光纤“S”形敷设布置示意图

小结

“预防为主、防消结合”，白鹤滩水电站消防系统具有及时预警、预防判断的功能，可将火灾扼杀于“未燃”，也具有真正消灭火灾的能力。消防系统声光、广播设备通知人员疏散，启动排烟、防火和灭火设备，使生产人员能够及时发现火灾，并及时采取有效措施。白鹤滩水电站消防系统为电站的电力安全生产提供重要保护。

6.5 通风空调系统

白鹤滩左、右岸电站地下厂房通风系统采用相同设置，以左岸为例，地下厂房共设 4 个进风通道，即 1 号进风竖井及平洞、2 号进风竖井及平洞、进厂交通洞、通风兼安全洞；共设 3 个排风通道，即 1 号排风竖井及平洞、2 号排风竖井及平洞和尾水洞检修闸门室排风洞。

主厂房空调系统采用双侧进风、双侧机房方案，室外新风通过主副厂房南北两侧空调机房的组合式空气处理机组处理后送入主厂房。为解决局部空间发热量大，提高人员舒适度，副厂房通信设备层、主变洞副厂房、母线洞和控制楼采用直接蒸发式风冷系统；主厂房中间层采用水冷单元式空调机组，副厂房其他区域采用“冷水机组＋卧式组合空调器（或柜式空调器）”的中央空调方式，其他采用风冷热泵单元式分体空调器。防潮除湿方面，电站的进风口布置在坝前，远离泄洪雾化区，避免泄洪时水汽通过进风通道进入厂房，如图 6-16、图 6-17 所示。

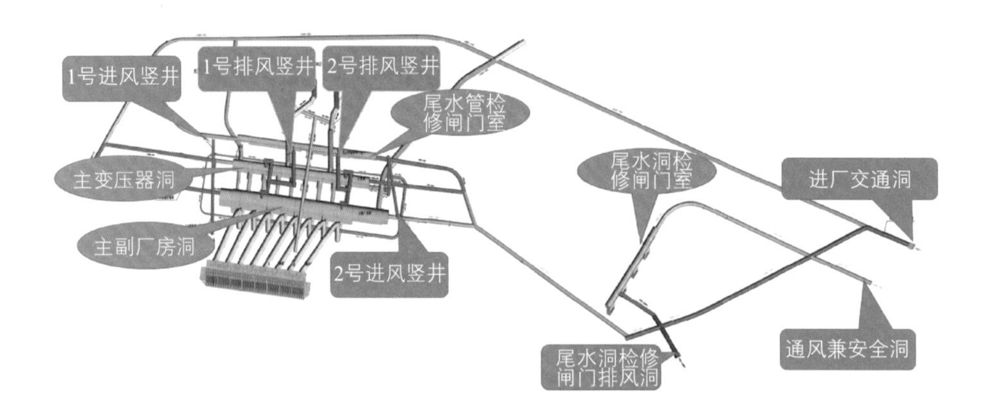

图 6-16　通风系统

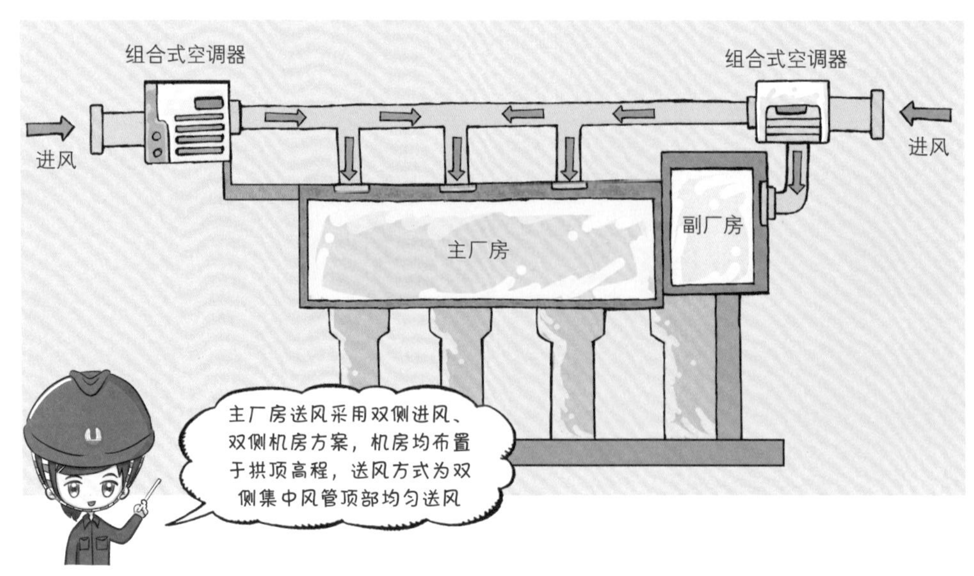

图 6-17　空调系统

空调系统利用下游尾水作为冷源。空调系统取下游尾水作为全厂螺杆式冷水机组、中间层水冷柜式空调机组和全厂水冷调温除湿机的冷却水水源，并最终通过排水管从尾水管排出，如图 6-18 所示。

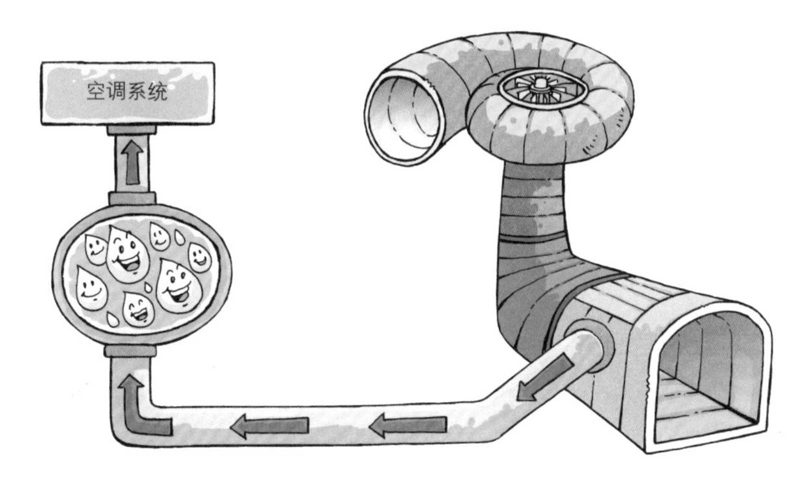

图 6-18　空调系统利用下游尾水作为冷源

利用回风除湿降温。在厂房各层采用部分回风，这样不但降低了通风量，而且对中间层、水轮机层、蜗壳上层、蜗壳下层和操作廊道起到一定的除湿作用和降温作用，如图 6-19 所示。

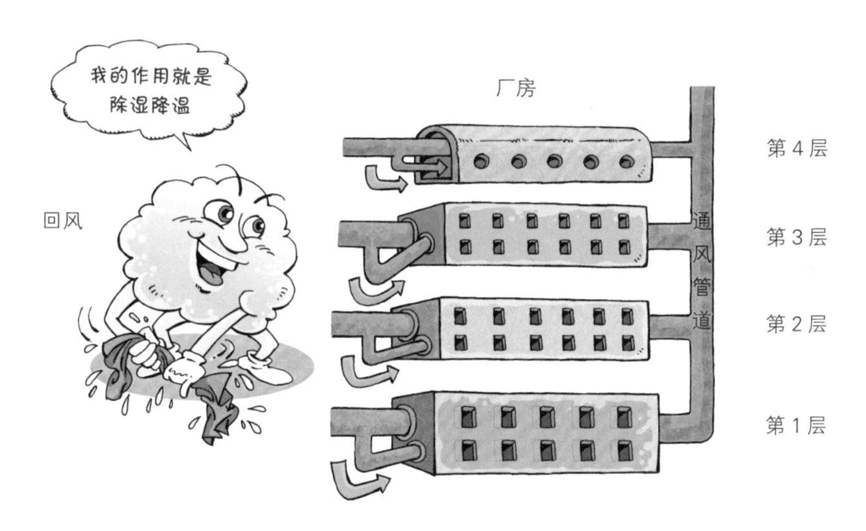

图 6-19　利用回风除湿降温

控制外部空气将水分带入洞内。主副厂房洞进风口位于坝前上游侧进水口平台室外，主变洞进风口位于大坝下游，进风口受泄洪雾气干扰较小，如图 6-20 所示。

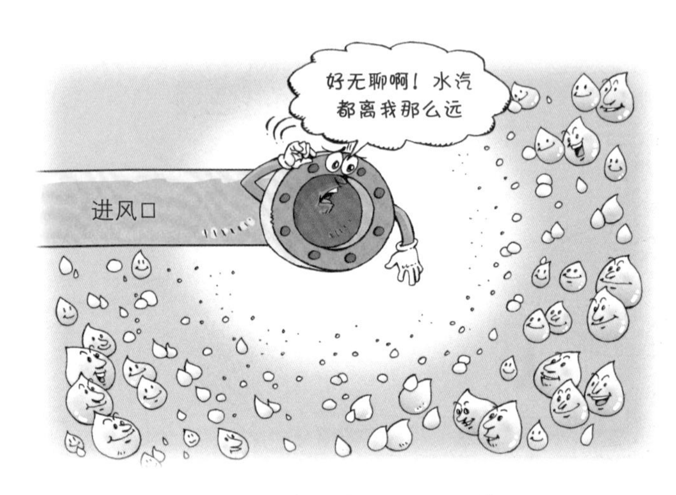

图 6-20　控制外部空气将水分带入洞内

小结

白鹤滩水电站通风空调系统设计遵循了安全可靠、管理方便、运行节能的原则。在保证通风效果的前提下，充分利用已有的洞室和通道，合理布置通风系统结构，减少了专用通风通道和竖井的开挖。同时，充分利用了进风通道的自然冷却去湿效应，最终达到了高效节能的空气冷却效果。

本章小结

白鹤滩水电站各辅助设备系统之间、辅助设备与主机设备之间做到了相互协调、有机结合，给主机设备运行构建了优良环境，并为辅助设备本身的运行、管理、维护和检修创造了良好的条件，为顺利完成白鹤滩水电站电力生产任务提供了保证。

中国单机容量 70 万 kW 及以上水电站简介

（1）三峡水电站（三峡集团）：位于湖北省宜昌市境内的长江中游，世界第一大水电站。1994 年开工建设，2012 年 7 月全部机组投产发电。共安装 32 台 70 万 kW、2 台 5 万 kW 的水轮发电机组，总装机容量为 2250 万 kW。

（2）白鹤滩水电站（三峡集团）：位于四川省宁南县和云南省巧家县境内的金沙江下游干流上。世界在建最大水电站，建成后为世界第二大水电站，单机容量 100 万 kW 为世界首例。2017 年 7 月开工建设，2021 年 6 月 28 日首批机组发电。共安装 16 台 100 万 kW 水轮发电机组，总装机容量为 1600 万 kW。

（3）溪洛渡水电站（三峡集团）：位于四川省雷波县和云南省永善县境内的金沙江下游干流上，为世界第四大水电站。2005 年开工建设，2013 年 7 月首批机组投产发电，2014 年 6 月全部机组投产发电。共安装 18 台 77 万 kW 水轮发电机组，总装机容量为 1386 万 kW。

（4）乌东德水电站（三峡集团）：位于云南省禄劝县和四川省会东县交界的金沙江下游干流上，为世界第七大水电站。2015 年 12 月开工建设，2020 年 6 月首批机组正式投产发电，2021 年 6 月全部机组投产发电。共安装 12 台 85 万 kW 水轮发电机组，总装机容量为 1020 万 kW。

（5）向家坝水电站（三峡集团）：位于云南省水富市与四川省宜宾市交界

的金沙江下游干流上。2006 年 11 月开工建设，2012 年 6 月首批机组投产发电，2014 年 7 月全部机组投产发电。共安装 8 台 80 万 kW 的水轮发电机组，总装机容量为 640 万 kW。

（6）龙滩水电站（大唐集团）：位于广西天峨县境内红水河上游，规划总装机 9 台 70 万 kW 的水轮发电机组。2001 年 7 月开工建设，2009 年底一期工程 7 台机组建成投产，总装机容量为 630 万 kW。

（7）拉西瓦水电站（国家电投集团）：位于青海省贵德县与贵南县交界的黄河干流上，是黄河上最大的水电站。2004 年开工建设，2009 年 5 月首批机组投产发电。共安装 6 台 70 万 kW 水轮发电机组，总装机容量为 420 万 kW。

（8）小湾水电站（华能集团）：位于云南省南涧县与凤庆县交界的澜沧江中游河段。2002 年 1 月开工建设，2010 年 8 月全部机组投产发电。共安装 6 台 70 万 kW 水轮发电机组，总装机容量为 420 万 kW。

国内外混流式机组单机容量排名

排名	水电站名称	国家	单机容量（万 kW）	总装机容量（万 kW）
1	白鹤滩	中国	100	1600
2	乌东德	中国	85	1020
3	大古力	美国	80.5	680
	向家坝	中国	80	640
4	溪洛渡	中国	77	1386
5	古里	委内瑞拉	73	1030
6	三峡	中国	70	2250
7	伊泰普	巴西、巴拉圭	70	1400
8	龙滩	中国	70	630
9	拉西瓦	中国	70	420
10	小湾	中国	70	420
11	糯扎渡	中国	65	585
12	萨扬舒申斯克	俄罗斯	64	640
13	锦屏一级	中国	60	360

白鹤滩水电站世界排名

<table>
<tr><th>序号</th><th>排名</th><th>项目</th><th>世界前三名</th></tr>
<tr><td>1</td><td rowspan="6">六项
世界
第一</td><td>单机容量 100 万 kW</td><td>第一名：白鹤滩
第二名：乌东德
第三名：向家坝、大古力</td></tr>
<tr><td>2</td><td>圆筒式尾水调压井规模</td><td>第一名：白鹤滩
第二名：乌东德
第三名：锦屏一级</td></tr>
<tr><td>3</td><td>地下洞室群规模</td><td>—</td></tr>
<tr><td>4</td><td>300m 级高坝抗震参数</td><td>第一名：白鹤滩
第二名：溪洛渡
第三名：小湾</td></tr>
<tr><td>5</td><td>首次在 300m 级特高拱坝全坝使用低热水泥混凝土</td><td>—</td></tr>
<tr><td>6</td><td>无压泄洪洞群规模</td><td>—</td></tr>
<tr><td>7</td><td rowspan="2">两项
世界
第二</td><td>装机容量 1600 万 kW</td><td>第一名：三峡 2250 万 kW
第二名：白鹤滩 1600 万 kW
第三名：伊泰普 1400 万 kW</td></tr>
<tr><td>8</td><td>拱坝总水推力 1650 万 t</td><td>第一名：小湾 1700 万 t
第二名：白鹤滩 1650 万 t
第三名：萨扬舒申斯克 1600 万 t</td></tr>
</table>

续表

序号	排名	项目	世界前三名
9	两项世界第三	拱坝坝高 289m	第一名：锦屏一级 305m 第二名：小湾 295m 第三名：白鹤滩 289m
10		枢纽泄洪功率	第一名：三峡 130000MW 第二名：溪洛渡 98300MW 第三名：白鹤滩 90000MW